裂隙介质渗透率尺度提升
方法与模型应用

陈　涛　著

U0291132

中国建筑工业出版社

图书在版编目（CIP）数据

裂隙介质渗透率尺度提升方法与模型应用 / 陈涛著
. — 北京：中国建筑工业出版社，2024.5
ISBN 978-7-112-29842-6

Ⅰ. ①裂…　Ⅱ. ①陈…　Ⅲ. ①裂隙介质–渗透率–研
究　Ⅳ. ①O357.3

中国国家版本馆 CIP 数据核字（2024）第 094563 号

本书简述了裂隙介质建模和数值模拟的基本知识，较系统地分析比较了不同渗透率尺度提升方法。在尺度提升的基础上，建立粗尺度的等效裂隙模型，并与细尺度的离散裂隙模型计算结果进行对比。探讨了经尺度提升后的等效渗透率统计分布、等效裂隙模型的非均质性和计算精度随裂隙几何参数的变化特征。

本书可作为裂隙介质渗透率尺度提升方面研究的参考书，也可供水文地质、地质工程等领域的科研人员、工程技术人员和大专院校师生参考。

责任编辑：刘瑞霞　刘颖超
责任校对：李美娜

裂隙介质渗透率尺度提升方法与模型应用

陈　涛　著

*
中国建筑工业出版社出版、发行（北京海淀三里河路 9 号）
各地新华书店、建筑书店经销
国排高科（北京）信息技术有限公司制版
建工社（河北）印刷有限公司印刷
*
开本：880 毫米×1230 毫米　1/32　印张：5⅛　字数：152 千字
2024 年 6 月第一版　　2024 年 6 月第一次印刷
定价：**38.00** 元
ISBN 978-7-112-29842-6
（42732）

前　言

　　最早接触"裂隙介质"这一专业术语是在本科专业课程学习期间，课本中展示的裂隙分布图与孔隙分布图截然不同，由一条条长短不一的线构成。这些线（裂隙）是如何形成的？与地下水的赋存规律有何关系？当时只是觉得有些好奇，有些感兴趣。硕士研究生学习期间，跟随导师参与研究地震与地下水之间的相互作用关系，发现天然地震孕育、发生与断层或断裂带密切相关，伴随着地下流体的物理性质和化学组分的变化，尝试建立数值模型定量分析上述过程。硕士研究生毕业之后，有幸获得国家留学基金委（CSC）的资助，赴德国攻读博士学位。博士研究生学习期间，和导师交流课题时，提到"Upscaling"即"尺度提升"这一专业术语，遂想到能否将"裂隙介质""数值模拟"和"Upscaling"结合起来。

　　"尺度提升"是融合多尺度观测数据，提高模型计算效率的重要方法。本书根据以往的研究工作，总结和归纳了裂隙介质渗透率尺度提升方法及模型应用相关的背景知识和研究成果，尝试回答有关问题，为科学研究和工程实践提供参考。本书第 1 章主要介绍裂隙介质数值计算模型的相关概念以及研究意义。第 2 章主要介绍裂隙介质的表征方法、数学模型分类以及相关理论。第 3 章主要介绍裂隙介质渗流和传热方程及其数值求解方法。第 4 章主要介绍常用的裂隙介质尺度提升方法推导过程，以及不同方法之间的比较和验证。第 5 章主要介绍经尺度提升后的等效裂隙模型中渗透率场的分布特征。第 6 章主要介绍等效裂隙模型的计算精度及其影响因素。

　　裂隙介质模型的建立和应用与地质资料的丰富程度、探测方法技术的先进程度、数值计算方法以及计算能力的改进和提高密切相关。希望读者能够通过本书，了解裂隙介质"尺度提升"的基本方法和思路，起到抛砖引玉的作用，对自身学习和研究领域有所启发，或将研究成果应用到"尺度提升"领域中。

本书由国家自然科学基金青年项目（42002261）资助完成，在此特向有关领导和专家致以衷心的感谢。希望能够借此机会，向求学和科研过程中的老师、同行专家们表示感谢。

由于作者水平有限，书中相关的模型和方法还有不成熟或有待进一步改进的地方，恳请读者批评指正。

2023 年初冬 笔架山下

目 录

第1章

绪 论

裂隙（Fracture）或破裂（Crack）是岩石应力达到或超过其强度极限而产生的不连续面（结构面）。由于形成机制和力学特征不同，这种不连续面还可以称为：断裂、断层、节理、劈理、裂缝。在实际工程或学术研究中，上述名词常存在混淆问题[1]。在数值计算模型中，不连续面虽然存在大小和几何形状等方面的差异，但是彼此之间并没有本质区别。在此，将岩石中由力学、化学和温度变化等因素作用产生的不连续面，统一称为裂隙。裂隙可以是天然或人为干预形成，裂隙中通常存在空隙或填充物，起到导水或阻水作用[2-4]。

裂隙与周围岩石（基岩）共同组成裂隙介质[5]。裂隙介质与诸多工程领域密切相关，比如地下水资源管理、石油勘探开发、地热能开发利用、二氧化碳及核废料封存等。裂隙介质含水层可作为地下水的储存和运移通道，对地下水资源和水环境评价、开发和管理具有重要作用[6,7]。石油和天然气开发利用过程中，裂隙介质也是一种重要的油气储层[8]。对裂隙渗透性及其空间分布特征的研究，可以更好地评估和预测资源储量与分布情况，指导勘探开发工作。地热能是一种可再生的清洁能源，可通过裂隙介质实现地下热水循环，进而开发利用地热能。例如，在增强型地热系统（EGS）中，通过人工压裂产生裂隙，建立注入井（回灌井）和开采井之间的渗流通道，将地热能提取到地表进行发电[9]。

裂隙介质在地质封存方面也具有重要意义。二氧化碳封存是一种应对气候变化的技术，通过将二氧化碳气体封存于地下，减少大气排放[10,11]。类似地，核废料也需要寻找地下合适的位置进行封存，确保核废料的安全储存，防止对环境的污染[12,13]。裂隙可能会引起二氧化碳或核废料的扩散，降低封存效果，增加环境风险。通过研究裂隙介质渗透性及其赋存流体运移特征等，可以更有效地开发、

1

利用和管理地下水、地热和油气等资源，降低二氧化碳和核废料封存的环境风险，促进经济社会和生态环境协调可持续发展。

裂隙介质数值模拟是定量评估上述工程风险和优化生产运行管理的重要方法技术[14,15]。通过建立裂隙介质数值计算模型，模拟和预测裂隙介质中的渗流和溶质运移过程、温度和应力变化等，为工程决策和风险评估提供科学依据[16-19]。例如，地下水资源管理过程中，裂隙介质数值模拟可以定量描述不同地质条件下的地下水补给、径流和排泄过程，预测地下水渗流速度和污染物浓度变化，为地下水资源的合理开发提供参考[20-22]。在油气储层中，模拟裂隙介质中的油气运移和采收过程，能够预测产能和开采效果，从而优化开采策略、提高采收率，降低开采过程中的风险和成本[23]。在地热开发利用过程中，模拟裂隙介质中的渗流和传热过程，能够预测地热能可开采量，评估地热能开发的经济和环境效益，提高能源利用效率[24,25]。此外，在二氧化碳地质封存的工程实践中，通过模拟二氧化碳在咸水含水层中的运移和驱替过程，评估裂隙对封存效果和安全性的影响，为二氧化碳减排以及气候变化应对提供支持[26]。在核废料储存方面，通过耦合渗流和溶质运移方程，模拟裂隙对核素迁移扩散过程的潜在影响[27]，降低核废料对环境和人类健康的影响。

裂隙介质数值模拟有助于理解区域水文地质背景、优化工程方案、降低风险、提高资源利用效率，对于可持续发展和环境保护具有重要意义。然而，在实际应用过程中，尚存在一些挑战和困难[28]。首先，与孔隙介质相比，裂隙介质中存在大量的不连续面（裂隙），这些裂隙具有复杂的几何特征，为精确地建立概念模型造成了一定的困难。比如，裂隙通常具有多尺度特征，且裂隙宽度也随之变化。因此，难以准确地描述裂隙介质的几何形态和物理特性，需要大量的数据资料和先进的方法来支撑建模过程[29]。其次，裂隙的复杂几何形状对数值模拟也造成了一定的困难。为在模型中能够对复杂裂隙介质模型进行剖分，需要更多的网格，加大了数值计算难度[30]。此外，裂隙介质中的渗流、传热和溶质运移等多个物理过程增加了计算量，不同过程之间的非线性耦合作用增加了计算的复杂性[31]。为获得较准确的模拟结果，需要进行大规模、长时间的数值计算，对计算资源和能力要求较高。

裂隙介质数学模型总体可归类为离散裂隙模型和等效裂隙模型[32]。前者能够精细刻画裂隙的几何特征和基岩的几何形态,但计算量非常大[33]。后者将模型划分为较大尺度的网格,通过网格等效参数来概化裂隙和基岩的总体特征,提高计算效率[34]。裂隙渗透率是影响渗流及相关物理过程的重要参数,裂隙介质渗透率尺度提升为上述两种模型提出了一个折中的解决方案:运用精细尺度上的裂隙介质信息(包括裂隙和基岩的几何特征、渗透性等),求取粗尺度上的等效渗透率,建立等效裂隙模型[35-41]。等效裂隙模型既能够融合精细尺度上的裂隙和基岩数据,也能够降低裂隙介质模型的求解复杂程度、降低计算量,在实际工程中具有重要意义[42]。

孔隙介质的渗透率尺度提升在油藏数值模拟等领域有广泛的应用[43-46],但是,由于裂隙几何特征的复杂性,裂隙介质尺度提升过程面临更多的问题与挑战。比如,不同的裂隙介质渗透率尺度提升方法,它们的计算结果有何差异?这种计算结果差异依赖于裂隙几何形态吗?运用尺度提升建立的等效裂隙模型,在模型的计算效率提高的同时,会不会存在精度的损失?模型计算精度的损失与哪些因素有关?对于裂隙介质,精细尺度上的裂隙和基岩渗透性对粗尺度网格的等效渗透率统计分布有何影响?能否建立一套基于尺度提升的裂隙介质模拟方法,既能够提高模型计算效率,又能够保证计算精度?

本书旨在尝试回答上述相关问题,以了解裂隙介质尺度提升的效果及其影响因素。研究结果有助于根据实际地质情况,选取裂隙介质模型和尺度提升方法,建立高精度和高效率的裂隙介质数值计算模型,从而为地下水资源管理、地热资源开发利用等工程实践提供量化分析工具。

第 2 章

裂隙介质建模

本章首先介绍了表征裂隙几何形态的主要参数及其渗透率的计算方法。其次，分析了裂隙介质的分形特征、逾渗特征和代表性单元体的存在性。然后，介绍了在不同尺度上的裂隙介质探测方法，以及描述裂隙介质的不同数学模型。最后，对常用的裂隙介质建模软件进行汇总。

2.1 裂隙几何形态及其渗透率

裂隙介质模型中，描述单一裂隙的几何参数主要包括：裂隙长度、裂隙角度、裂隙位置、裂隙宽度以及裂隙形状。假设裂隙由正方形表示，则裂隙长度指该正方形的边长（图 2-1）。裂隙角度指裂隙面的延伸方向，在三维模型中，通常由倾向（走向）和倾角（图 2-1）或裂隙面法线方向等参数表示；在二维模型中，裂隙延伸方向可由方位角表示。裂隙位置通常由裂隙面中心点的坐标表示。裂隙宽度（开度）指裂隙上下界面之间的距离，其大小决定了裂隙的渗透性。在理想情况下，裂隙上下界面平行，裂隙宽度大小恒定（图 2-1）。然而，在自然条件下，基岩中裂隙面往往具有一定的粗糙度（图 2-1），裂隙界面之间距离（裂隙宽度）也随之变化。此时，为描述裂隙的渗透性，往往取粗糙裂隙面的等效水力宽度进行后续计算（图 2-1）。因此，裂隙宽度有裂隙平均宽度、力学宽度和水力宽度之分[47]。以下提到的裂隙宽度主要指等效水力隙宽，基于裂隙等效水力隙宽，可以根据立方定律计算单一裂隙的渗透率。

天然裂隙介质中，往往含有多条裂隙。根据不同的地质成因和裂隙几何特征，基岩中裂隙可划分为不同的裂隙组（Fracture Set），这些裂隙组相互叠加之后，构成了离散裂隙网络（Discrete Fracture Network，DFN，图 2-2）。对于不同裂隙组，通常根据裂隙几何参数的实测数据，分别建立概率密度函数，描述多条的裂隙总体几何特征。裂隙长度可通过对数正态分布、均匀分布和幂律分布等表示[48]，裂隙角度可由 Fisher 分布或均匀分布表示[49,50]，裂隙位置通常由均质或非均质泊松点过程表示[51,52]，裂隙宽度通常取对数正态分布、幂律分布、均匀分布或与裂隙长度相关[53-55]。此外，为描述裂隙多少，通常使用裂隙条数或裂隙密度（比如P_{21}或P_{32}等）等进行表示[56]。基岩和其中包含的多条裂隙构成的总体渗透率，即等效渗透率，可通过解析法[57,58]、数值法[59]和室内或野外试验观测[60-63]获得。解析法和数值法在裂隙介质数值模型中，通常称为尺度提升方法，用于模型中粗尺度网格的等效渗透率的计算，后续将进行详细介绍。

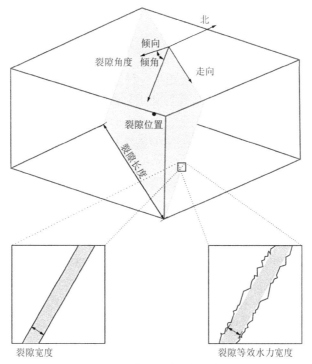

图 2-1　单一裂隙几何形态

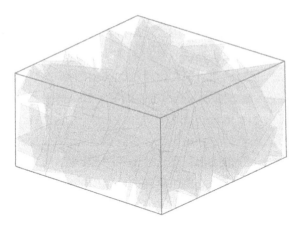

图 2-2　离散裂隙网络几何形态

2.2　裂隙介质的分形几何特征

分形代表一种几何形状，该形状中每一部分都是整体形状缩小之后的形状，即从不同尺度上观察其形状，都会发现它们具有相似性[64,65]。例如，谢尔宾斯基地毯是一种典型的分形（图 2-3）：有一个黑色的正方形，然后将其分割成 9 个相等大小的小正方形，中央的正方形被移除。对每个剩余的小正方形重复相同的分割过程，直到达到指定的构形次数。通过这种递归的分割构形方式，门格海绵在各个尺度上都呈现出相似的形态。每个小正方形都可以看作是整体的缩小版本，具有相同的分形结构。因此，不同尺度上的谢尔宾斯基地毯都会显示出类似的细节和形态。谢尔宾斯基地毯在三维空间推广形成门格海绵。

图 2-3　谢尔宾斯基地毯分形

裂隙实测数据表明，裂隙平面几何形态也具有分形几何特征[66-68]，即裂隙空间分布在不同尺度上具有类似的几何形态。根据裂隙的空间展布实测数据，基于盒子计数法（图 2-4），可确定分形维数 D[69]。此外，分形位数 D 与裂隙介质渗透率等参数存在着一定的联系[70,71]。

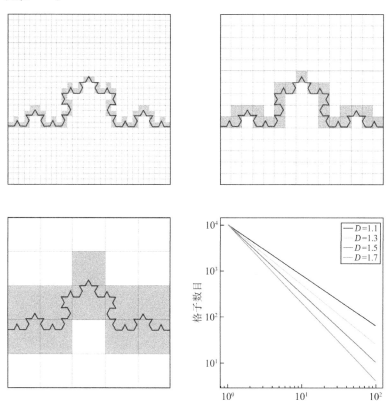

图 2-4　盒子计数法确定分形维数

裂隙长度的概率密度函数，可通过幂律定律表示，幂律指数 a，通常称为裂隙长度的分形维数[72,73]，其与裂隙几何形态的分形位数 D 可能存在以下关系：$a \approx D + 1$[74,75]，表明小尺度裂隙长度和数量之间的关系同样适用于大尺度。此外，除了裂隙长度，分形理论还可用于分析裂隙面粗糙程度[76-79]和裂隙位置[80]以及裂隙拓展的几何形态[81]等。

2.3　裂隙介质的逾渗特征

　　逾渗理论最早用于描述流体在无序孔隙介质中随机流动，后期逐渐成为分析裂隙介质连通性的一种重要方法[82,83]。逾渗可以划分为座逾渗和键逾渗，占据的座或键的概率为P。则空的概率为$1 - P$。若相邻的两个占据的键或座连接，则可形成一个逾渗集团（Cluster），占据的概率P越大，一般逾渗集团也越大。当逾渗集团的形态能够连通模型的边界时，则发生了逾渗相变，此时的概率称为逾渗阈值P_c。因此，当逾渗概率P在 0 到P_c之间时，没有发生逾渗，即两个边界没有连通。当孔隙率超过P_c之后，能够发生逾渗，两个连接连通（图 2-5）。因此，逾渗通常用作量化连通性，在诸多领域有广泛应用。

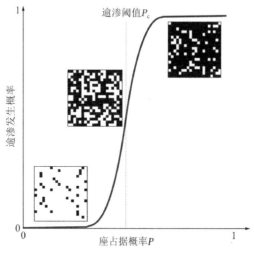

图 2-5　逾渗发生概率与座占据概率的关系

　　裂隙介质是否连通是决定裂隙介质渗透性的重要特征[84-87]，可运用逾渗理论进行分析[88]。决定裂隙介质是否连通的逾渗阈值P_c可通过裂隙密度等几何参数进行计算[89]，并与裂隙介质的渗透率建立联系[90-92]。然而，裂隙网络的几何形态远比理想的逾渗模型（图 2-5）复杂。比如：裂隙介质左右边界连通时，有时不一定需要很高的裂隙密度（图 2-6a）。裂隙密度相对较高时（比如多条较短的裂隙，图 2-6c），也不一定能够产生连通。裂隙角度的改变也会引起连通性的变化。因此，在运用逾渗理论分析裂隙介质连通性时，应结合具体裂隙几何形态进行分析[93,94]。

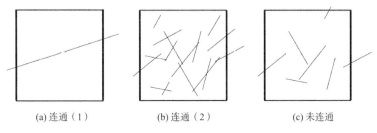

(a) 连通（1）　　　　　　(b) 连通（2）　　　　　　(c) 未连通

图 2-6　裂隙介质不同的连通性

2.4　裂隙介质的代表性单元体

代表性单元体（Representative Elementary Volume，REV）是孔隙介质或裂隙介质的一个重要概念。裂隙介质参数的大小随着观测尺度而变化，当随着观测尺度增加，参数趋于不变时，即可看作是均匀介质，代表性单元体（REV）存在（图 2-7）。参数开始不变时的测量体积或尺度，称为代表性单元体（REV）。当测量或研究尺度大于代表性单元体（REV）时，可使用宏观的连续介质定律进行研究，比如表示地下水渗流过程的达西定律[95]。然而，不同水文地质参数（如孔隙率和渗透系数）的代表性单元体（REV）大小却不一定相同[96]。

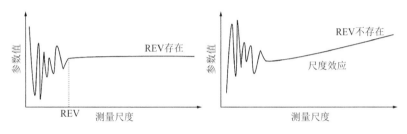

图 2-7　代表性单元体（REV）存在性

诸多学者通过数值模拟，对裂隙介质的代表性单元体（REV）的存在性及其随裂隙几何特征的变化关系进行了研究[97-105]。对于具有复杂几何特征的裂隙介质，代表性单元体（REV）并不一定存在[67]，代表性单元体（REV）大小会随着裂隙几何参数而变化[106,107]。此外，通过对不同尺度的实测数据进行分析发现，裂隙介质参数还呈现随观测尺度变化的特征（图 2-7），即"尺度效应"[108]。

基于连续介质假设建立的裂隙介质渗流模型通常被划分为粗尺度网格，同时包含裂隙和基岩系统的粗尺度网格整体渗透率通常称为等效渗透率。一般来说，当网格中裂隙数量足够多时，代表性单元体（REV）存在的可能性更大[109]，即连续介质的假设成立。当网格中裂隙数目较少，但连通性较好时，即使代表性单元体（REV）不一定存在，但有时运用等效渗透率依然能获得较精确的模拟结果[110,111]。在此情况下，由于网格的代表性单元体（REV）不一定存在，当模型网格变化之后，意味着需要重新建立等效关系，即确定在该网格尺度下的等效渗透率大小。

2.5　裂隙表征

裂隙表征（Fracture Characterization）是指对裂隙介质几何和渗透性等特征参数进行识别、描述和测量[112,113]。许多方法能够在不同尺度上对裂隙进行表征，比如：地震和微震监测、野外露头、野外抽水试验等通常用于较大尺度的裂隙表征，测井、岩心和钻井数据通常用于较小尺度的裂隙表征，核磁共振和 X 射线 CT 成像技术通常用于微小尺度的裂隙表征[114,115]。小尺度的裂隙观测数据可运用尺度提升技术估算在大尺度上的宏观特征。

2.5.1　地震和微震监测

地震勘探和微震监测为推测裂隙信息提供重要的数据来源。从地震剖面中，可推测出大尺度断层和裂隙位置，以及岩石物性参数。通过 P 波能够推测裂隙密度和裂隙方位，通过 S 波能够推测裂隙主要方向。通过三维振幅随偏移距的变化（AVO）可以了解裂隙的各向异性。通过微震分布，可以估计裂隙形态[116]。地震和微震数据可以提供裂隙介质表征的重要信息，但其观测尺度较大，对于裂隙的详细特征难以识别。

2.5.2 野外露头

通过野外露头，可观察岩层的岩性、结构和岩石组分，获取详细地质信息，还可以测量和统计裂隙的几何形态与分布等特征，揭示岩石的力学性质、断裂活动以及构造演化等重要信息。野外露头数据可以提供裂隙长度、宽度、方向和密度等关键几何参数[117]。

野外露头主要是通过平面观察裂隙介质，岩石中的裂隙却是三维延伸。如何将地表观测的二维露头数据，准确地转换为地下的三维裂隙几何数据，存在一定的难度[118]。此外，从露头获得的裂隙数据还与应力释放和地表风化[119]等过程有关，可能失去一部分原始的地质特征。例如，野外露头观测的裂隙数量通常比地下观测的更多[120]。

2.5.3 测井

地球物理测井（Logging）是探测裂隙的重要方法之一，在大多数钻孔中都可使用，主要包括：电成像和声成像测井、声波测井、密度测井和卡尺测井等[121]，具有分辨率高、费用低等优点。

电成像和声成像测井是裂隙探测的主要方法。电成像通过测量地层的电阻率，提供地下岩石的物理特性、岩性、孔隙度和流体饱和度等重要信息[2]。地层微电阻率扫描成像（FMS）通过微观尺度上的电阻率分布图像，获得高分辨率的地层结构信息。地层微电阻率扫描成像（FMS）可以揭示裂隙方向、裂隙宽度和裂隙密度[24]。声成像通过测量井壁上的声波反射和散射信号，提供井内地层的详细结构、岩性分布和裂隙特征等重要信息。井下声波电视（BHTV）结合了声波测井和电视成像技术，可以对井内地层的高分辨率图像和声波特征进行观察分析。在裂隙储层探测过程中，井下声波电视

（BHTV）通常与地层微电阻率扫描成像（FMS）结合使用[116,122]，以便取得较好的效果。

声波测井（Sonic Logging）利用井筒中的声波在地层中传播的时间和幅度，获取地层性质和岩石结构等信息[123]。在声波传播过程中，裂隙会影响波速变化[124]。通过声波测井结果可识别裂隙带，确定裂隙延伸方向，并有助于估计裂隙孔隙度[125]。

密度测井（RHOB）通过测量地层物质对射线的吸收能力，推断地层密度，提供岩石类型、孔隙度、饱和度和流体类型等信息。在均质地层中，如果某区域密度测井曲线出现异常值，则该区域可能存在孔隙度异常，从而能够识别裂隙[126]。

卡尺测井（Caliper Logging）通过测量钻孔的直径和形态，识别裂隙带。如果近井筒区域存在裂隙，破碎的岩石会掉入井筒，该处井筒直径将增加[127]。

测井方法用于探测裂隙时具有相对较高的分辨率。然而，由于局限于井筒内观测，难以确定裂隙的尺寸和连通性。裂隙尺寸可以从微米到几米不等，测井通常无法提供裂隙整体大小和空间展布信息。此外，测井过程中的物理参数（如密度、声波速度、电阻率等）与裂隙之间并没有直接联系，往往通过孔隙度等进行间接推测。裂隙对测井物理参数的影响也取决于裂隙的大小和形态、裂隙中的填充物质等因素，通过测井数据进行裂隙介质整体表征仍具有一定的局限性。

2.5.4　岩心分析

岩心分析（Core Analysis）是直接获得裂隙数据的有效方法。尤其是定向岩心，能够对裂隙宽度、裂隙方向、裂隙密度、裂隙间距、裂隙渗透性，以及岩性、岩层厚度、岩石强度、岩石结构、颗粒粒度和孔隙度[2]等进行直接观测。然而，由于测量尺度的不同，在岩心尺度上的测量参数，不一定适用于裂隙介质模型中网格尺度上的参数。例如，Clauser[108]分析了实验室和野外现场等不同尺度上的数据，发现随着观测尺度的增加，渗透率有增加的趋势。

2.5.5　钻井数据

钻井数据（Drilling Data）包括钻井液漏失、具有特征形状的较大切削物、切削物中的油含量，以及异常高的钻进速率等，可用于分析裂隙带位置分布和渗透率大小[128]。在钻井过程中，通过监测钻井液压力响应可以识别裂隙的存在。当钻头进入裂隙时，钻井液的流动和压力会发生变化，通过对变化响应数据的分析，可以推断出裂隙的位置和性质[129]。

2.5.6　野外试验和生产监测数据

通过一系列的野外试验以及生产监测数据可以揭示较大尺度上的裂隙信息。例如，抽水试验、回灌试验、流量计、示踪试验和历史生产数据可用于推测裂隙介质渗透率、裂隙长度等[130-132]。野外试验是推测裂隙位置及其宽度等信息的最准确方法[119]。然而，开展上述测试的步骤通常比较复杂，花费较高，周期较长。

在裂隙介质建模过程中，基于上述不同尺度上的裂隙观测数据，通常结合统计分析和随机模拟，建立裂隙介质模型。例如：裂隙方向用 Fisher 分布描述，裂隙大小用对数正态分布、指数分布、伽马分布或幂律分布描述[29]，裂隙介质等效渗透率用对数正态分布表示[133]。基于裂隙介质相关参数的概率密度函数，运用蒙特卡罗法建立随机裂隙介质模型[134]。值得注意的是：裂隙观测数据通常包含误差，并且由于模型概化、边界条件、参数表征和随机模拟过程中也存在不确定性，因此，应尽可能地将多种方法和数据融合起来，对裂隙进行参数化，建立裂隙介质模型。

2.6　裂隙介质数学模型

地壳岩石中通常包含不同尺度的裂隙。裂隙介质的数学模型主要包括两类：连续介质模型和离散裂隙模型[32]，其最主要的区别是：前者模型中具有结构化的网格，网格参数同时包括裂隙和基岩特征；

后者模型中裂隙具有明确的几何特征（图 2-8）。此外，离散裂隙模型中，还可进一步考虑裂隙面粗糙度、裂隙中的非达西渗流[135,136]以及裂隙动态破裂过程[137]。

根据裂隙几何特征和水力特征、基岩的渗透性、模拟的时空尺度大小、区域地质特征以及模拟目的等，在建模和计算过程中应选用合适的裂隙介质数学模型[138]。上述模型均可通过确定性建模或随机性建模生成[24,139]，以下主要介绍裂隙介质数学模型。

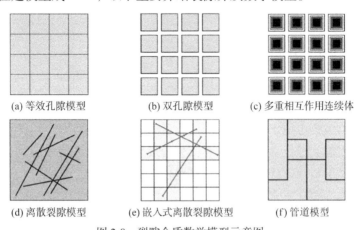

(a) 等效孔隙模型　　　　　(b) 双孔隙模型　　　　　(c) 多重相互作用连续体

(d) 离散裂隙模型　　　(e) 嵌入式离散裂隙模型　　　(f) 管道模型

图 2-8　裂隙介质数学模型示意图

2.6.1　等效孔隙模型

裂隙介质往往由具有复杂几何特征的裂隙网络组成，为裂隙介质渗流及其耦合过程的数学模型求解增加难度。等效孔隙模型（Equivalent Porous Model，EPM）或单一连续介质模型（Single-Continuum Model，SCM）是描述裂隙介质中渗流及相关过程的一种简化方法[140,141]。整体思路是：将裂隙介质划分为规则的网格，每个网格的介质参数（比如渗透率和孔隙率）表示裂隙和基岩的总体特征。由于裂隙几何分布等影响，等效介质模型中网格渗透率场通常具有非均质特征（图 2-8a）。

等效孔隙模型应用比较广泛，在地下水资源评价、地下水污染物运移、地热资源开发利用等领域中发挥着重要作用[142-144]。然而，该模型是一种裂隙介质的简化方法，基于一系列假设和近似。一些相关因素，比如模型网格大小和尺度提升方法（由精细尺度的裂隙介质特征求取粗尺度网格的等效参数）选取等，都会影响模型计算精度。

2.6.2　双孔隙模型

考虑到基岩和裂隙在渗流过程中的不同作用，Barenblatte 等[145]、Warren 和 Root[146]提出了裂隙介质双孔隙模型（Dual Porosity Model，DPM）。在双孔隙模型（DPM）中，裂隙和基岩被划分为两种不同介质。假设渗流主要发生在裂隙中，基岩仅作为源或汇，两种介质之间流动受到形状因子（Shape Factor）控制（图 2-8b）。

双孔隙模型（DPM）在实际工程应用中非常广泛。例如，在石油储层中，裂隙和基岩对渗流过程起不同作用，通过双孔隙模型（DPM）可以准确地描述流体在裂隙和基岩之间的运移，从而更好地预测油藏的产能和开采效果[147]。在地下水资源管理中，地下水流动往往受到裂隙和基岩的双重影响，双孔隙模型（DPM）可以提供较准确的地下水模拟预测结果[148]。然而，与等效孔隙模型（EPM）类似，双孔隙模型（DPM）中网格渗透率也需要经过尺度提升获得，因此存在参数确定困难等问题，并且在此过程中可能会引入不确定性[38]。

2.6.3　双孔隙/双渗透率模型

在双孔隙模型的基础上，Blaskovich 等[149]、Hill 和 Thomas[150]提出了双孔隙/双渗透率模型（Dual Porosity/Dual Permeability Model，DPM/DPM）。该模型与双孔隙模型（DPM）的区别是：除了考虑基岩-裂隙和裂隙-裂隙之间存在水力联系，还建立了基岩-基岩之间的水力联系，使得模型中不仅可以模拟裂隙之间的流动，还可以模拟基岩之间的流动。

由于双孔隙/双渗透率模型（DPM/DPM）还可以模拟基岩渗流率比较高时的情况，它的应用范围比双孔隙模型更广[151]。然而，双孔隙/双渗透率模型（DPM/DPM）的计算量比双孔隙模型（DPM）

的计算量更大，并且与双孔隙模型一样，形状因子（Shape Factor）难以精确估计。

2.6.4 多重相互作用连续体模型

为精确模拟裂隙介质中多相流、传热和溶质运移耦合过程，Pruess 和 Narasimhan[152]提出了一种嵌套网格形状的多重相互作用连续体模型（Multiple Interacting Continual Model，MINC）[293]。多重相互作用连续体模型（MINC）是上述双孔隙模型（DPM）的推广，可使基岩中包含有不同的孔隙度（图 2-8c）。

多重相互作用连续体模型（MINC）基于以下假设：裂隙介质中温度和压力沿垂直裂隙方向比沿裂隙延伸方向变化更大，裂隙和基岩之间的渗流量或热流量随着远离裂隙和基岩交界面而减小，从而有助于精确模拟裂隙介质中多相流渗吸和热量传递等过程[153,154]。该方法最初假设基岩网格为立方体，建立嵌套网格系统，后续研究将其扩展到其他形状的基岩网格中[155]。但是，多重相互作用连续体模型（MINC）中模型网格参数也代表裂隙和基岩系统的整体宏观特征，需要运用尺度提升方法进行计算[156]。

综上所述，等效孔隙模型（EPM）、双孔隙模型（DPM）、双孔隙/双渗透率模型（DPM/DPM）和多重相互作用连续体模型（MINC）虽然具有不同特点，但裂隙介质在上述模型中的具体几何特征（裂隙长度和角度等）难以精确表示，容易造成计算误差[157,158]。由于上述模型一般都由结构化网格构成，网格的水力参数一般通过尺度提升或实地测量获得的等效参数表示，在此将上述模型统称为等效裂隙模型（Equivalent Fracture Model，EFM）。

2.6.5 离散裂隙模型

Wilson 和 Witherspoon[159]最早提出了离散裂隙模型。在离散裂隙模型中，每条裂隙都有明确的几何特征，比如长度和方向等。最初的离散裂隙模型忽略基岩的影响，仅考虑裂隙对渗流的作用，称为离散裂隙网络模型（Discrete Fracture Network Model，DFNM）。

在离散裂隙网络模型基础上，可以进一步简化，建立管道网络模型[160-163]。随后，为研究溶质运移和热量传递过程中的基岩影响，模型中同时考虑具有明确几何特征的裂隙和基岩，称为离散裂隙模型（Discrete Fracture Model，DFM），见图2-8（d）。

由于离散裂隙模型（DFM）中基岩部分也需要进行网格剖分和数值计算，因此较之于离散裂隙网络模型（DFNM），离散裂隙模型的计算量将急剧增加，尤其是对于三维裂隙介质模型。本书将上述两种能够精确表示裂隙几何特征的模型（DFNM 和 DFM）统称为"离散裂隙模型（DFM）"。与等效裂隙模型（EFM）相比，离散裂隙模型（DFM）能够更精确地反映裂隙几何特征对渗流及其耦合过程的影响[164,165]。然而，离散裂隙模型计算量很大[166]，并且在实际工程尺度上，需要丰富的观测数据来精确表征裂隙几何形态。

2.6.6　嵌入式离散裂隙模型

等效裂隙模型（EFM）的计算效率较高，但对裂隙几何形态的精确刻画程度不足，离散裂隙模型（DFM）能够精确表示裂隙几何形态，但是计算量非常大。Li 和 Lee[167]提出了嵌入式离散裂隙模型（Embedded Discrete Fracture Model，EDFM），后续许多学者对其进行了完善[168-170]，见图2-8（e）。

对于三维裂隙介质，在离散裂隙模型（DFM）或嵌入式离散裂隙模型（EDFM）中，通常使用三维网格表示基岩，由于数值模型中基岩网格尺寸远大于裂隙宽度，因此使用二维网格表示裂隙。两者不同之处在于：离散裂隙模型（DFM）的基岩网格形状随裂隙几何特征而变化，而嵌入式离散裂隙模型（EDFM）的基岩网格形状是规则的，即基岩和裂隙的两套网格系统相对独立，从而减小了基岩网格剖分难度，降低了计算量。在嵌入式离散裂隙模型（EDFM）中，裂隙和基岩之间的流量通过传导系数 CI 进行计算，这一点与双孔隙模型（DPM）类似[169]，在计算裂隙附近流量时却可能存在误差[171]。

综上所述：离散裂隙模型（DFM）的优点是在观测数据充分的

情况下，建立相应的模型，计算结果精确，但是计算量非常大。等效裂隙模型（EFM）的优点是计算量小，但是模型过于简化，针对不同类型的裂隙介质，网格的等效参数难以精确概化。考虑上述不同模型的特点，还可根据裂隙介质的特点建立离散裂隙-连续介质混合模型，其基本思路是：对于模型中有决定作用的大尺度裂隙，运用离散裂隙模型（DFM）或嵌入式离散裂隙模型（EDFM）表示，对于裂隙密度较大，对模型总体渗流情况影响较小的裂隙，运用等效裂隙模型（EFM）表示，从而在保证裂隙介质模拟精确度的同时，减少计算量[172]。

在裂隙介质模拟过程中，有许多开源和商业软件可供选择使用，表 2-1 列出了常用的裂隙介质渗流及相关过程模拟软件[173,174]。

裂隙介质渗流及耦合过程主要数值模拟软件　　表 2-1

软件名称	裂隙介质模型	主要离散化方法和编程语言	物理过程	流体性质	商业/开源	并行计算	主要开发机构/公司
Visual MODFLOW	EPM	有限差分 Fortran	渗流-传热-传质	单相	商业	否	Waterloo Hydrogeologic
GMS	EPM	有限差分 Fortran	渗流-传热-传质	多相	商业	是	Aquaveo
FEFLOW	EPM、DFM	有限元 C++	渗流-传热-传质	单相	商业	是	DHI
TOUGH	EPM、DPM/DPM、MINC	有限差分 Fortran	渗流-传热-传质-应力	多相	商业	是	Lawrence Berkeley National Laboratory
COMSOL	EPM、DFM	有限元 C++	渗流-传热-传质-应力	多相	商业	是	COMSOL
PFLOTRAN	EPM、MINC、DFM	有限体积 Fortran	渗流-传热-传质-应力	多相	开源	是	Lawrence Berkeley National Laboratory
DuMux	EPM、DFM	有限体积 C++	渗流-传热-传质-应力	多相	开源	是	University of Stuttgart

续表

软件名称	裂隙介质模型	主要离散化方法和编程语言	物理过程	流体性质	商业/开源	并行计算	主要开发机构/公司
SHEMAT-Suite	EPM	有限体积Fortran	渗流-传热-传质	多相	开源	是	RWTH Aachen University
OpenGeoSys	EPM、DFM	有限元C++	渗流-传热-化学-传质	多相	开源	是	Helmholtz-Centre for Environmental Research
MRST	EPM、DPM、DFM、EDFM	有限体积；多尺度有限体积Matlab	渗流-传热-传质-应力	多相	开源	是	SINTEF Digital

第3章

裂隙介质数值模拟

由于复杂地质作用,岩石渗透率会呈现非均质和各向异性特征,并可能会随时间和空间而变化[175]。室内试验、数值模拟和理论研究表明:在小尺度上(纳米级),由于成岩或应力作用,矿物颗粒和微裂隙通常沿着优势方向排列和延伸[176];在中等尺度上(米级),由地壳应力或水力压裂形成的节理或裂隙,为渗流提供了优势路径[177];在大尺度上(千米级),由于地层岩性的不同或断层的存在,岩石渗透率具有各向异性特征[178]。

描述渗流过程的达西定律中,各向异性的渗透性由张量表示[95]。由于岩石属性的非均质性,如孔隙度[179]和渗透率[180],含水层边界条件的复杂性,以及渗流、传热、应力和化学反应等过程的耦合作用,通常运用数值模拟求解地下水渗流及其耦合过程[21,181]。经典的基于两点流量逼近的有限体积法 [Finite Volume Method—Two-Point Flux Approximation,以下简称:有限体积法(FVM)] 由于计算简便,且具有较好的数值收敛性和单调性,被广泛地用于地下水或油藏数值模拟。有限体积法假定渗透率或渗透系数为对角型张量,即在直角坐标系中,渗透率张量椭圆(或椭球)的主轴方向始终与模型坐标轴方向对齐。但是,当渗透率张量的非对角元素不为零(即全张量形式)时[182-184],有限体积法(FVM)无法精确地模拟地下水在各向异性含水层中的渗流过程[185]。

许多学者针对具有全张量形式的等效渗透率,开发出了新的数值模拟方法[186]。比如:基于多点流量逼近(Multi-Point Flux Approximations,MPFA)的有限体积法[187,188]。该方法(FVM-MPFA)与基于两点流量逼近的有限体积法(FVM)不同之处在于:网格边界上的流量通过两个以上的节点计算。为提高该离散化方法的单调性或网格适用性,进一步开发了不同类型的 MPFA 方法,比如 MPFA-O

和 MPFA-U 方法[187], MPFA-L 方法[189], MPFA-G 方法[190], MPFA-Z 方法[191]和 EMPFA 方法[192]。上述不同的 MPFA 方法中，最后一个字母通常用于表示计算网格间流量时，节点所构成的形状[189]。

基于多点流量逼近的有限体积法（FVM-MPFA）计算量比基于两点流量逼近的有限体积法（FVM）大，为兼顾计算效率和能够处理全张量形式的渗透率，Chen 等[193]和 Nikitin 等[194]开发了一种基于非线性两点流量逼近（Nonlinear Two-Point Flux Approximation）的有限体积法，该方法在网格间流量的计算过程中，通过建立两点之间的非线性公式计算流量。此外，模拟有限差分法（Mimetic Finite Difference，MFD）也可使用全张量形式的渗透率模拟孔隙或裂隙介质中的渗流过程[195,196]。Li 等[197]开发了基于 19 点计算的有限差分法，用于计算三维渗流模型中使用全张量形式的渗透系数。

经过渗透率尺度提升的渗透率或渗透系数通常具有全张量形式，本章主要介绍相关数学方程，运用模拟有限差分法（MFD）离散渗流方程，以及对数值计算模型的验证与应用。

3.1 渗流方程

地下水渗流速度（渗透速度或达西速度）可以表示为：

$$\boldsymbol{v} = -\frac{\rho_f g \boldsymbol{k}}{\mu}(\nabla h_0 + \rho_r \nabla z) \tag{3-1}$$

式中，ρ_f表示流体密度（与温度、压力有关），g表示重力加速度，$\boldsymbol{k}$表示岩石渗透率张量，μ表示流体动力黏度，h_0表示恒定密度下的水头，由高程z、孔隙压力P、基本参考条件下的流体密度ρ_0和重力加速度g计算：

$$h_0 = z + \frac{P}{\rho_0 g} \tag{3-2}$$

相对流体密度ρ_r由下式计算：

$$\rho_r = \frac{\rho_f - \rho_0}{\rho_0} \tag{3-3}$$

根据流体质量守恒，可以推导出下式：

$$S_s \frac{\partial h_0}{\partial t} = -\nabla \cdot \boldsymbol{v} + Q \tag{3-4}$$

式中，t表示时间，Q是体积源项，S_s是贮水率，由下式计算：

$$S_s = \rho_f g(\alpha + \phi\beta) \tag{3-5}$$

式中，ρ_f是流体密度，α是岩石骨架弹性压缩系数，β是流体弹性压缩系数，ϕ是孔隙度。

将式(3-1)和式(3-4)结合，获得变密度条件下的地下水渗流方程[198]：

$$S_s \frac{\partial h_0}{\partial t} = \nabla \cdot \left[\frac{\rho_f g \boldsymbol{k}}{\mu} (\nabla h_0 + \rho_r \nabla z) \right] + Q \tag{3-6}$$

3.2 热传递方程

基于傅里叶定律和能量守恒定律，含水层中热量运移方程可以表示为[198]：

$$(\rho c)_e \frac{\partial T}{\partial t} = \nabla \cdot (\lambda_e \nabla T) - \nabla \cdot \left[(\rho c)_f \boldsymbol{v} T \right] + H \tag{3-7}$$

式中，T表示温度。λ_e表示有效热导率张量，由流体热导率λ_f、岩石热导率λ_m，以及孔隙度计算。H是热源项。$(\rho c)_f$是流体的体积热容。$(\rho c)_e$表示有效体积热容，由流体密度ρ_f和比热容c_f、岩石密度ρ_m和比热容c_m，以及孔隙度ϕ计算：

$$(\rho c)_e = \phi\rho_f c_f + (1 - \phi)\rho_m c_m \tag{3-8}$$

若含水层中流体在渗流过程中同时伴随热量的运移，需要将渗流方程（式3-6）和热量运移方程（式3-7）进行耦合求解，地下水渗流速度影响热对流过程，流体和岩石性质（比如流体密度）可能随水头压力和温度变化。SHEMAT-Suite软件中，能够考虑上述相互作用关系：渗流方程（式3-6）中的流体密度ρ_f、贮水率S_s和流体动力黏度μ可以设置为随水头（压力）和温度变化。热量运移方程（式3-7）中，流体的密度ρ_f、热导率λ_f和比热容c_f可以设置为随水头和温度而变化，岩石的热导率λ_m和比热容c_m设置为随温度变化。方程（式3-7）中的渗流速度$\boldsymbol{v}$通过求解渗流方程（式3-6）获得。

3.3　模拟有限差分法

模拟有限差分法与混合-混杂有限元法有相似之处[199,200]。本节先介绍混合-混杂有限元法求解渗流方程，然后介绍模拟有限差分法，以便阐释两种方法之间的差异。

3.3.1　混合-混杂有限元法

运用混合-混杂有限元法（Mixed-Hybrid Finite Element Method，MHFEM）时[201]，首先将式(3-1)和式(3-4)转化为相应的弱形式，减小对连续可微的要求，以便进行数值计算。定义 Sobolev 空间 $H^{\mathrm{div}}(\Omega)$，将式(3-1)乘以一个连续的向量值函数 $\boldsymbol{w} \in H^{\mathrm{div}}(\Omega)$，在求解域 Ω 上进行积分：

$$\int_{\Omega} \boldsymbol{w} \cdot \left(-\frac{\mu}{\rho_{\mathrm{f}} g} \boldsymbol{k}^{-1} \right) \boldsymbol{v} \mathrm{d}\Omega = \int_{\Omega} \boldsymbol{w} \cdot (\nabla h_0 + \rho_{\mathrm{r}} \nabla z) \mathrm{d}\Omega \tag{3-9}$$

上式右侧进一步使用格林恒等式，式(3-9)可以写为：

$$\begin{aligned} &\int_{\Omega} \boldsymbol{w} \cdot (\nabla h_0 + \rho_{\mathrm{r}} \nabla z) \mathrm{d}\Omega \\ &= \int_{s} (h_0 + \rho_{\mathrm{r}} z) \boldsymbol{w} \cdot \boldsymbol{n} \mathrm{d}s - \int_{\Omega} (h_0 + \rho_{\mathrm{r}} z) \nabla \cdot \boldsymbol{w} \mathrm{d}\Omega \end{aligned} \tag{3-10}$$

式中，s 表示求解域 Ω 周长，$\boldsymbol{n}$ 是外法线单位向量。因此，将式(3-10)代入到式(3-9)得到：

$$\begin{aligned} &\int_{\Omega} \boldsymbol{w} \cdot \frac{\mu}{\rho_{\mathrm{f}} g} \boldsymbol{k}^{-1} \boldsymbol{v} \mathrm{d}\Omega \\ &= \int_{\Omega} (h_0 + \rho_{\mathrm{r}} z) \nabla \cdot \boldsymbol{w} \mathrm{d}\Omega - \int_{s} (h_0 + \rho_{\mathrm{r}} z) \boldsymbol{w} \cdot \boldsymbol{n} \mathrm{d}s \end{aligned} \tag{3-11}$$

定义一个由平方可积函数组成的空间 $L^2(\Omega)$。类似地，将式(3-4)乘以一个连续的标量函数 $\varphi \in L^2(\Omega)$，并在相同的求解域 Ω 上进行积分，得到：

$$\int_{\Omega} \varphi S_{\mathrm{s}} \frac{\partial h_0}{\partial t} \mathrm{d}\Omega = \int_{\Omega} -\nabla \cdot \boldsymbol{v} \varphi \mathrm{d}\Omega + \int_{\Omega} \varphi Q \mathrm{d}\Omega \tag{3-12}$$

使用向后时间离散化：

$$\frac{\partial h_0}{\partial t} = \frac{h_0^n - h_0^{n-1}}{\Delta t} \tag{3-13}$$

式中，h_0^n 和 h_0^{n-1} 分别是当前时间步 n 和上一个时间步 $n-1$ 的恒定密度参考水头，将式(3-13)代入式(3-12)，得：

$$\int_\Omega \varphi S_s \frac{h_0^n}{\Delta t} \mathrm{d}\Omega = \int_\Omega -\nabla \cdot \boldsymbol{v}\varphi \mathrm{d}\Omega + \int_\Omega \varphi Q \mathrm{d}\Omega + \int_\Omega \varphi S_s \frac{h_0^{n-1}}{\Delta t} \mathrm{d}\Omega \tag{3-14}$$

对于式(3-11)和式(3-14)，将求解域 Ω 划分为 N_E 个立方体，记为 $\Omega_h = \bigcup_{i=1}^{N_E} E_i$，并引入下列双线性形式来简化方程：

$$b(\boldsymbol{w}, \boldsymbol{v}) = \sum_{E \in \Omega_h} \int_E \boldsymbol{w} \cdot \frac{\mu}{\rho_f g} \boldsymbol{k}^{-1} \boldsymbol{v} \mathrm{d}E \tag{3-15a}$$

$$c(\boldsymbol{w}, h_0^n) = \sum_{E \in \Omega_h} \int_E h_0^n \cdot \nabla \cdot \boldsymbol{w} \, \mathrm{d}E \tag{3-15b}$$

$$c(\boldsymbol{v}, \varphi) = \sum_{E \in \Omega_h} \int_E \nabla \cdot \boldsymbol{v}\varphi \, \mathrm{d}E \tag{3-15c}$$

$$j(\varphi, h_0^n) = \sum_{E \in \Omega_h} \int_E \varphi S_s \frac{h_0^n}{\Delta t} \mathrm{d}E \tag{3-15d}$$

$$(\nabla \cdot \boldsymbol{w}, \rho_r z) = \sum_{E \in \Omega_h} \int_E \rho_r z \cdot \nabla \cdot \boldsymbol{w} \, \mathrm{d}E \tag{3-15e}$$

$$(h_0 + \rho_r z, \boldsymbol{w} \cdot \boldsymbol{n}_E) = \sum_{E \in \Omega_h} \int_{s_E} (h_0 + \rho_r z)\boldsymbol{w} \cdot \boldsymbol{n}_E \, \mathrm{d}s_E \tag{3-15f}$$

$$(\varphi, Q) = \sum_{E \in \Omega_h} \int_E \varphi Q \, \mathrm{d}E \tag{3-15g}$$

$$\left(\varphi, S_s \frac{h_0^{n-1}}{\Delta t}\right) = \sum_{E \in \Omega_h} \int_E \varphi S_s \frac{h_0^{n-1}}{\Delta t} \mathrm{d}E \tag{3-15h}$$

式中，s_E 表示单元 E 的周长，$\boldsymbol{n}_E$ 表示垂直于单元面的外法线单位向量，η 是一个标量函数，$\boldsymbol{g}^N$ 是诺依曼边界条件（第二类边界条件）的值。

式(3-1)和式(3-4)的混合弱形式可表述为，寻找解 $(\boldsymbol{v}, h_0^n) \in H^{\mathrm{div}}(\Omega_h) \times L^2(\Omega_h)$ 使下式成立：

$$b(\boldsymbol{w}, \boldsymbol{v}) - c(\boldsymbol{w}, h_0^n)$$
$$= (\nabla \cdot \boldsymbol{w}, \rho_r z) - (h_0 + \rho_r z, \boldsymbol{w} \cdot \boldsymbol{n}), \quad \forall \boldsymbol{w} \in H^{\mathrm{div}}\Omega_h \tag{3-16a}$$

$$c(\boldsymbol{v}, \varphi) + j(\varphi, h_0^n)$$
$$= (\varphi, Q) + \left(\varphi, S_s \frac{h_0^{n-1}}{\Delta t}\right), \quad \forall \varphi \in L^2(\Omega_h) \tag{3-16b}$$

式(3-16)产生的线性方程组不正定[199],可通过应用混杂化技术,得到对称正定的线性方程组,从而不仅更容易求解方程组,还获得更多的求解信息[202]。为此,通过定义h_f^n,即单元面$\partial\Omega_h$上的恒定密度参考水头,引入双线性形式$d(\cdot,\cdot)$以及标量值函数$\eta\in L^2(\partial\Omega_h)$,混合-混杂的弱形式可以表示为:找到$(\boldsymbol{v},h_0^n,h_f^n)\in H^{\mathrm{div}}(\Omega_h)\times L^2(\Omega_h)\times L^2(\partial\Omega_h)$,使得下式成立:

$$b(\boldsymbol{w},\boldsymbol{v})-c(\boldsymbol{w},h_0^n)+d(\boldsymbol{w},h_f^n)$$
$$=(\nabla\cdot\boldsymbol{w},\rho_r z)-(h_0+\rho_r z,\boldsymbol{w}\cdot\boldsymbol{n}),\quad\forall\boldsymbol{w}\in H^{\mathrm{div}}(\Omega_h)\qquad(3\text{-}17a)$$

$$c(\boldsymbol{v},\varphi)+j(\varphi,h_0^n)$$
$$=(\varphi,Q)+\left(\varphi,S_s\frac{h_0^{n-1}}{\Delta t}\right),\quad\forall\varphi\in L^2(\Omega_h)\qquad(3\text{-}17b)$$

$$d(\boldsymbol{v},\eta)=\left(g^N,\eta\right),\quad\forall\eta\in L^2(\partial\Omega_h)\qquad(3\text{-}17c)$$

式中,双线性形式具体可表示为:

$$d(\boldsymbol{w},h_f^n)=\sum_{E\in\Omega_h}\int_{s_E}h_f^n\boldsymbol{w}\cdot\boldsymbol{n}_E\,\mathrm{d}s_E\qquad(3\text{-}18a)$$

$$d(\boldsymbol{v},\eta)=\sum_{E\in\Omega_h}\int_{s_E}\eta\boldsymbol{v}\cdot\boldsymbol{n}_E\,\mathrm{d}s_E\qquad(3\text{-}18b)$$

$$\left(g^N,\eta\right)=\sum_{E\in\Omega_h}\int_{s_E}\eta g^N\,\mathrm{d}s_E\qquad(3\text{-}18c)$$

式(3-17)可被看作是混合弱形式方程(式3-16)的混杂形式。通过引入一个新的变量h_f^n,起到拉格朗日乘子的作用[199],并添加到式(3-17c)中保证单元面上流量的连续性。

弱形式方程(式3-17)可以通过用有限维子空间V、U和Π分别代替$H^{\mathrm{div}}(\Omega_h)$、$L^2(\Omega_h)$和$L^2(\partial\Omega_h)$,进行离散化。由于式(3-17)最终需要运用有限元进行求解,因此,混合-混杂有限元法可以表述为:找到$(\boldsymbol{v},h_0^n,h_f^n)\in V\times U\times\Pi$使得式(3-17)对于所有$(\boldsymbol{w},\varphi,\eta)\in V\times U\times\Pi$成立。

混合-混杂有限元法可以进一步根据不同的有限元空间进行分类,例如 Raviart-Thomas-Nédélec 空间[203,204],Brezzi-Douglas-Marini 空间[205];Brezzi-Douglas-Durán-Fortin 空间[206],Brezzi-Douglas-Fortin-Marini 空间[207]和 Chen-Douglas 空间[208]等。

3.3.2　模拟有限差分法

尽管模拟有限差分法与混合-混杂有限元法的起始推导过程不同，但在结构化网格系统中（比如正方体网格），模拟有限差分法（MFD）与采用最低阶 Raviart-Thomas-Nédélec 单元的混合有限元法等价[186]，即最终将求解相同的线性方程组。模拟有限差分在单元形状处理方面更加灵活[195]。Shashkov 和 Steinberg[209] 从支撑算子方法的角度对模拟有限差分方法进行了推导。在此，接着上述混合-混杂有限元法的推导步骤，使用最低阶 Raviart-Thomas-Nédélec 单元（图 3-1a），阐释模拟有限差分法的推导过程。

定义以下子空间：设 $F_k^{(i)}$ 为单元 E_i 的第 k 个面，采用稍作修改后的最低阶 Raviart-Thomas-Nédélec 空间表示 V[186]：

$$V = \left\{ \omega_k^{(i)}, i = 1,2,\cdots,N_E, k = 1,2,\cdots,6 \right\},$$

$$\omega_i(x) = \begin{cases} 1, & \text{如果} x \in F_k^{(i)} \\ 0, & \text{其他} \end{cases} \tag{3-19}$$

近似子空间 U 由常数基函数组成：

$$U = \{\varphi_i, i = 1,2,\cdots,N_E\}, \varphi_i(x) = \begin{cases} 1, & \text{如果} x \in E_i \\ 0, & \text{其他} \end{cases} \tag{3-20}$$

近似子空间 Π 由每个单元面 $\gamma_j^i = \partial E_i \cap \partial E_j$ 都是常数的基函数组成：

$$\Pi = \{\eta_i, i = 1,2,\cdots,N_E\}, \eta_i(x) = \begin{cases} 1, & \text{如果} x \in \gamma_j^i \\ 0, & \text{其他} \end{cases} \tag{3-21}$$

$\boldsymbol{v}$、h_0^n 和 h_f^n 通过基函数 $\boldsymbol{w}_i \in V$，$\varphi_i \in U$ 和 $\eta_i \in \Pi$ 表示：

$$\boldsymbol{v} = \sum_{i=1}^{N_F} v_i \boldsymbol{w}_i \tag{3-22a}$$

$$h_0^n = \sum_{i=1}^{N_E} h_{0i}^n \varphi_i \tag{3-22b}$$

$$h_f^n = \sum_{i=1}^{N_{FI}} h_{fi}^n \eta_i \tag{3-22c}$$

式中，N_F 是按照每个单元面相加得到的总单元面数量，N_E 是总单元数，N_{FI} 是按全局排序的总单元面数量（图 3-1b）。由式(3-22)得到的线性方程组可以用以下矩阵表示：

$$\begin{bmatrix} M & -C^T & D^T \\ C & J & 0 \\ D & 0 & 0 \end{bmatrix} \begin{bmatrix} v \\ h_0^n \\ h_f^n \end{bmatrix} = \begin{bmatrix} \rho_r z - g^D \\ Q + S_s \dfrac{h_0^{n-1}}{\Delta t} \\ g^N \end{bmatrix} \tag{3-23}$$

式中，$M = \left[b(w_j, w_i)\right]_{i,j=1,2,\cdots,N_F}$，
$C = \left[c(w_j, \varphi_i)\right]_{i=1,2,\cdots,N_E, j=1,2,\cdots,N_F}$，
$D = \left[d(w_j, \eta_i)\right]_{i=1,2,\cdots,N_{FI}, j=1,2,\cdots,N_F}$，
$J = \left[j(\varphi_j, \varphi_i)\right]_{i,j=1,2,\cdots,N_E}$，$v = [v_i]_{i=1,2,\cdots,N_F}$，
$h_0^n = [h_{0i}^n]_{i=1,2,\cdots,N_E}$，$h_f^n = [h_{fi}^n]_{i=1,2,\cdots,N_{FI}}$，
$Q = [(\varphi_i, Q_i)]_{i=1,2,\cdots,N_E}$，$S_s \dfrac{h_0^{n-1}}{\Delta t} = \left\{\left[\varphi_i, \left(S_s \dfrac{h_0^{n-1}}{\Delta t}\right)_i\right]\right\}_{i=1,2,\cdots,N_E}$，
$g^D = \left\{\left[(h_0 + \rho_r z)_i, w_i \cdot n_i\right]\right\}_{i=1,2,\cdots,N_F}$，
$\rho_r z = [(\nabla \cdot w_i, \rho_r z_i)]_{i=1,2,\cdots,N_F}$，$g^N = \left[(g_i^N, \eta_i)\right]_{i=1,2,\cdots,N_{FI}}$。

线性方程组式(3-23)中可使用流量 u 代替渗流速度 v[210]。由于流量和渗流速度之间的关系为 $u = vA$，式中 A 是单元面积，因此式(3-23)中与 v 有关的矩阵 M、C、D 和 g^N 会略有变化。模拟有限差分中的变量如图 3-1（b）所示。M、C 和 J 是块对角矩阵，每个单元 E_i 包含矩阵 M_i、向量 $e_i = (1,1,1,1,1,1)$ 和标量 $\left(\dfrac{S_s}{\Delta t}\right)_i$。$D$ 中行和列中的 "1" 分别对应于单元面的全局排序和每个单元的局部排序，如图 3-1（c）所示。

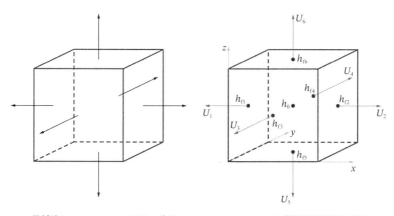

(a) 最低阶 Raviart-Thomas-Nédélec 单元　　(b) 模拟有限差分法单元

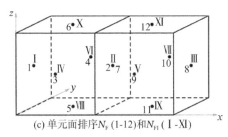

(c) 单元面排序 N_F (1-12) 和 N_{FI} (Ⅰ-Ⅺ)

图 3-1 混合-混杂有限元法（MHFEM）单元和模拟有限差分法（MFDM）单元及其单元面排序

选取矩阵 M_i 是运用模拟有限差分进行数值计算的关键。M_i 可以从一族矩阵中选择，这些矩阵应满足解的稳定性和收敛性标准[211]。为方便直接用于线性方程组求解，可以将 M_i 写成逆矩阵 M_i^{-1} 的形式。对于单元 E_i，关联矩阵 M_i^{-1} 可定义为[210]：

$$M_i^{-1} = \frac{1}{|E_i|} \left[N_i k_i N_i^T + \frac{6\mathrm{tr}(k_i)}{d_i} A_i (I_i - R_i R_i^T) A_i \right] \cdot \frac{\rho_f g}{\mu} \quad (3\text{-}24)$$

式中，矩阵 N_i 由单元面积加权的外法线向量计算；k_i 为渗透率张量，$\mathrm{tr}(k_i)$ 是张量 k_i 的迹；$|E_i|$ 和 d_i 分别为单元的体积和维数；A_i 是由单元面积组成的对角矩阵；I_i 是单位矩阵；R_i 是矩阵 Z_i 的正交基，$Z_i = A_i S_i$，式中 S_i 由单元几何中心点指向单元面几何中心点的向量组成。

矩阵 N_i、k_i、A_i、I_i、S_i、Z_i 和 R_i 的计算方法如下[210]：

$$N_i = \begin{bmatrix} a_1^{(i)} n_{11}^{(i)} & a_1^{(i)} n_{12}^{(i)} & a_1^{(i)} n_{13}^{(i)} \\ a_2^{(i)} n_{21}^{(i)} & a_2^{(i)} n_{22}^{(i)} & a_2^{(i)} n_{23}^{(i)} \\ a_3^{(i)} n_{31}^{(i)} & a_3^{(i)} n_{32}^{(i)} & a_3^{(i)} n_{33}^{(i)} \\ a_4^{(i)} n_{41}^{(i)} & a_4^{(i)} n_{42}^{(i)} & a_4^{(i)} n_{43}^{(i)} \\ a_5^{(i)} n_{51}^{(i)} & a_5^{(i)} n_{52}^{(i)} & a_5^{(i)} n_{53}^{(i)} \\ a_6^{(i)} n_{61}^{(i)} & a_6^{(i)} n_{62}^{(i)} & a_6^{(i)} n_{63}^{(i)} \end{bmatrix} \quad (3\text{-}25)$$

式中，$a_j^{(i)}$，$j = 1,2,\cdots,6$，表示单元 E_i 中间 $F_j^{(i)}$ 的面积；$n_{jk}^{(i)}$，$k = 1,2,3$，表示面 $F_j^{(i)}$ 上单位外法向量的分量。

$$k_i = \begin{bmatrix} k_{11}^{(i)} & k_{12}^{(i)} & k_{13}^{(i)} \\ k_{21}^{(i)} & k_{22}^{(i)} & k_{23}^{(i)} \\ k_{31}^{(i)} & k_{32}^{(i)} & k_{33}^{(i)} \end{bmatrix} \quad (3\text{-}26)$$

$$\boldsymbol{A}_i = \begin{bmatrix} a_1^{(i)} & 0 & 0 & 0 & 0 & 0 \\ 0 & a_2^{(i)} & 0 & 0 & 0 & 0 \\ 0 & 0 & a_3^{(i)} & 0 & 0 & 0 \\ 0 & 0 & 0 & a_4^{(i)} & 0 & 0 \\ 0 & 0 & 0 & 0 & a_5^{(i)} & 0 \\ 0 & 0 & 0 & 0 & 0 & a_6^{(i)} \end{bmatrix} \tag{3-27}$$

$$\boldsymbol{I}_i = \begin{bmatrix} 1 & 0 & 0 & 0 & 0 & 0 \\ 0 & 1 & 0 & 0 & 0 & 0 \\ 0 & 0 & 1 & 0 & 0 & 0 \\ 0 & 0 & 0 & 1 & 0 & 0 \\ 0 & 0 & 0 & 0 & 1 & 0 \\ 0 & 0 & 0 & 0 & 0 & 1 \end{bmatrix} \tag{3-28}$$

$$\boldsymbol{S}_i = \begin{bmatrix} c_{11}^{(i)} - c_1^{(i)} & c_{12}^{(i)} - c_2^{(i)} & c_{13}^{(i)} - c_3^{(i)} \\ c_{21}^{(i)} - c_1^{(i)} & c_{22}^{(i)} - c_2^{(i)} & c_{23}^{(i)} - c_3^{(i)} \\ c_{31}^{(i)} - c_1^{(i)} & c_{32}^{(i)} - c_2^{(i)} & c_{33}^{(i)} - c_3^{(i)} \\ c_{41}^{(i)} - c_1^{(i)} & c_{42}^{(i)} - c_2^{(i)} & c_{43}^{(i)} - c_3^{(i)} \\ c_{51}^{(i)} - c_1^{(i)} & c_{52}^{(i)} - c_2^{(i)} & c_{53}^{(i)} - c_3^{(i)} \\ c_{61}^{(i)} - c_1^{(i)} & c_{62}^{(i)} - c_2^{(i)} & c_{63}^{(i)} - c_3^{(i)} \end{bmatrix} \tag{3-29}$$

式中，$c_{jk}^{(i)}$ 表示单元 E_i 中，面 $F_j^{(i)}$ 的几何中心坐标在 x、y 或 z 方向（$k = 1, 2, 3$）上的分量。$c_k^{(i)}$ 表示单元 E_i 的几何中心坐标在 x、y 或 z 方向（$k = 1, 2, 3$）上的分量。

$$\boldsymbol{Z}_i = \begin{bmatrix} \boldsymbol{Z}_1^{(i)}, \boldsymbol{Z}_2^{(i)}, \boldsymbol{Z}_3^{(i)} \end{bmatrix}$$

$$= \begin{bmatrix} a_1^{(i)}\left(c_{11}^{(i)} - c_1^{(i)}\right) & a_1^{(i)}\left(c_{12}^{(i)} - c_2^{(i)}\right) & a_1^{(i)}\left(c_{13}^{(i)} - c_3^{(i)}\right) \\ a_2^{(i)}\left(c_{21}^{(i)} - c_1^{(i)}\right) & a_2^{(i)}\left(c_{22}^{(i)} - c_2^{(i)}\right) & a_2^{(i)}\left(c_{23}^{(i)} - c_3^{(i)}\right) \\ a_3^{(i)}\left(c_{31}^{(i)} - c_1^{(i)}\right) & a_3^{(i)}\left(c_{32}^{(i)} - c_2^{(i)}\right) & a_3^{(i)}\left(c_{33}^{(i)} - c_3^{(i)}\right) \\ a_4^{(i)}\left(c_{41}^{(i)} - c_1^{(i)}\right) & a_4^{(i)}\left(c_{42}^{(i)} - c_2^{(i)}\right) & a_4^{(i)}\left(c_{43}^{(i)} - c_3^{(i)}\right) \\ a_5^{(i)}\left(c_{51}^{(i)} - c_1^{(i)}\right) & a_5^{(i)}\left(c_{52}^{(i)} - c_2^{(i)}\right) & a_5^{(i)}\left(c_{53}^{(i)} - c_3^{(i)}\right) \\ a_6^{(i)}\left(c_{61}^{(i)} - c_1^{(i)}\right) & a_6^{(i)}\left(c_{62}^{(i)} - c_2^{(i)}\right) & a_6^{(i)}\left(c_{63}^{(i)} - c_3^{(i)}\right) \end{bmatrix} \tag{3-30}$$

对于结构化网格单元（比如长方体），列向量 $\boldsymbol{S}_i$ 和 $\boldsymbol{S}_k^{(i)}$ 正交，而 $\boldsymbol{Z}_i$ 中的列向量 $\boldsymbol{Z}_k^{(i)}$ 也相应地正交，通过以下方式可以简化计算矩阵 $\boldsymbol{Z}_i$ 的

正交基$\boldsymbol{R}_i$：

$$\boldsymbol{R}_i = \begin{bmatrix} \dfrac{z_{11}^{(i)}}{\left\|\boldsymbol{Z}_1^{(i)}\right\|} & \dfrac{z_{12}^{(i)}}{\left\|\boldsymbol{Z}_2^{(i)}\right\|} & \dfrac{z_{13}^{(i)}}{\left\|\boldsymbol{Z}_3^{(i)}\right\|} \\[3mm] \dfrac{z_{21}^{(i)}}{\left\|\boldsymbol{Z}_1^{(i)}\right\|} & \dfrac{z_{22}^{(i)}}{\left\|\boldsymbol{Z}_2^{(i)}\right\|} & \dfrac{z_{23}^{(i)}}{\left\|\boldsymbol{Z}_3^{(i)}\right\|} \\[3mm] \dfrac{z_{31}^{(i)}}{\left\|\boldsymbol{Z}_1^{(i)}\right\|} & \dfrac{z_{32}^{(i)}}{\left\|\boldsymbol{Z}_2^{(i)}\right\|} & \dfrac{z_{33}^{(i)}}{\left\|\boldsymbol{Z}_3^{(i)}\right\|} \\[3mm] \dfrac{z_{41}^{(i)}}{\left\|\boldsymbol{Z}_1^{(i)}\right\|} & \dfrac{z_{42}^{(i)}}{\left\|\boldsymbol{Z}_2^{(i)}\right\|} & \dfrac{z_{43}^{(i)}}{\left\|\boldsymbol{Z}_3^{(i)}\right\|} \\[3mm] \dfrac{z_{51}^{(i)}}{\left\|\boldsymbol{Z}_1^{(i)}\right\|} & \dfrac{z_{52}^{(i)}}{\left\|\boldsymbol{Z}_2^{(i)}\right\|} & \dfrac{z_{53}^{(i)}}{\left\|\boldsymbol{Z}_3^{(i)}\right\|} \\[3mm] \dfrac{z_{61}^{(i)}}{\left\|\boldsymbol{Z}_1^{(i)}\right\|} & \dfrac{z_{62}^{(i)}}{\left\|\boldsymbol{Z}_2^{(i)}\right\|} & \dfrac{z_{63}^{(i)}}{\left\|\boldsymbol{Z}_3^{(i)}\right\|} \end{bmatrix} \tag{3-31}$$

综上所述，基于模拟有限差分法，对于单元E_i，离散形式的达西定律可表示为：

$$\boldsymbol{u}_i = \boldsymbol{M}_i^{-1}\left(\boldsymbol{e}_i^{\mathrm{T}}h_{0i} - \boldsymbol{h}_{\mathbf{fi}}\right) \tag{3-32}$$

式中，$\boldsymbol{u}_i$和$\boldsymbol{h}_{\mathbf{fi}}$分别是单元面流量和单元面水头向量，$h_{0i}$表示单元几何中心的水头（见图 3-1c）。类似于标准有限差分法，模拟有限差分法中通过矩阵$\boldsymbol{M}_i^{-1}$将流量与水头差联系起来。

3.4 线性方程组求解与验证

本节首先介绍在 SHEMAT-Suite 软件中实现模拟有限差分法（MFD）求解渗流方程。然后，通过各向异性含水层中抽水试验解析解对该方法进行验证。

3.4.1 线性方程组求解

SHEMAT-Suite 是一个基于 Fortran 语言编写的模块化程序[212]，

主要应用于地热领域（渗流-传热等过程的耦合）。可基于现有框架，添加模拟有限差分模块，实现渗流方程的求解。基于模拟有限差分方法的线性方程组构成方法如式(3-23)所示，可以通过编程进一步实现线性方程组的求解，具体求解流程如图 3-2 所示。在渗流-传热耦合求解过程中，对于某一时间步：首先可选择模拟有限差分法（MFD）或有限体积法（FVM）计算恒定密度参考水头。然后，求解热量运移方程，得到温度计算结果。最后，通过迭代获得收敛解，并进行下一时间步的计算。

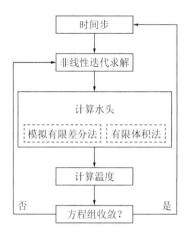

图 3-2　模拟有限差分法（MFD）离散渗流方程并与传热方程耦合计算流程

　　与有限体积法（FVM）类似，模拟有限差分法（MFD）可定义第一类边界条件、第二类边界条件以及源汇项。第一类边界条件可以通过给 $\boldsymbol{g}^{\mathbf{D}}$ 赋值，并删除 $\boldsymbol{D}$ 中对应于边界单元面。对于第二类边界条件，流量可以在 $\boldsymbol{g}^{\mathbf{N}}$ 中进行设置。设置第一类边界条件时，有限体积法（FVM）将边界水头设置在单元中心，模拟有限差分法（MFD）则将水头定义在单元面上，相对更加准确。

　　对于求解同一渗流问题，基于模拟有限差分法（MFD）建立的线性方程组比基于有限体积法（FVM）建立的线性方程组规模更大。由于 $\boldsymbol{M}_i$ 正定[210]，块对角矩阵 $\boldsymbol{M}$ 可以求逆。对于 $\boldsymbol{M}$，可以使用由块高斯消元得到的舒尔补消除 $\boldsymbol{u}$[213]，并可使用类似方法进一步消除 $\boldsymbol{h}_0^n$。以下介绍基于舒尔补的求解过程，式(3-23)可写为：

$$Mu - C^T h_0^n + D^T h_f^n = \rho_r z + g^D \tag{3-33a}$$

$$Cu + J h_0^n = Q + S_s \frac{h_0^{n-1}}{\Delta t} \tag{3-33b}$$

$$Du = g^N \tag{3-33c}$$

在式(3-33a)中左边乘M^{-1}，得到：

$$u = M^{-1} C^T h_0^n - M^{-1} D^T h_f^n + M^{-1}(\rho_r z + g^D) \tag{3-34}$$

将式(3-34)代入到式(3-33b)和式(3-33c)中，可以消除u，得到：

$$\left(CM^{-1}C^T + J\right) h_0^n - CM^{-1}D^T h_f^n$$
$$= Q + S_s \frac{h_0^{n-1}}{\Delta t} - CM^{-1}(\rho_r z + g^D) \tag{3-35a}$$

$$DM^{-1}C^T h_0^n - DM^{-1}D^T h_f^n = -M^{-1}(\rho_r z + g^D) + g^N \tag{3-35b}$$

同样，由于C是块对角矩阵，$CM^{-1}C^T + J$也是块对角矩阵且可逆，在式(3-35a)中左乘$(CM^{-1}C^T + J)^{-1}$得到：

$$h_0^n = \left(CM^{-1}C^T + J\right)^{-1} CM^{-1}D^T h_f^n +$$
$$\left(CM^{-1}C^T + J\right)^{-1} \left[Q + S_s \frac{h_0^{n-1}}{\Delta t} - CM^{-1}(\rho_r z + g^D) \right] \tag{3-36}$$

定义矩阵H和G：

$$H = \left(CM^{-1}C^T + J\right)^{-1} CM^{-1}D^T \tag{3-37a}$$

$$G = \left(CM^{-1}C^T + J\right)^{-1} \left[Q + S_s \frac{h_0^{n-1}}{\Delta t} - CM^{-1}(\rho_r z + g^D) \right] \tag{3-37b}$$

则式(3-36)可写为：

$$h_0^n = H h_f^n + G \tag{3-38}$$

将式(3-38)带入到式(3-35b)，得：

$$\left(DM^{-1}C^T H - DM^{-1}D^T\right) h_f^n$$
$$= -DM^{-1}C^T G - DM^{-1}(\rho_r z + g^D) + g^N \tag{3-39}$$

因此，求解线性方程式(3-23)可以简化为求解变量为h_f^n的线性方程式(3-39)，利用求解结果，依次代入式(3-38)计算h_0^n和式(3-34)计算u。线性方程式(3-39)可使用 LAPACK 库[214]直接求解器进行求解计算。

3.4.2 方法验证

通过抽水试验模型，分别考虑对角型张量和全张量形式的渗透率，将模拟有限差分法计算结果（数值解）与解析解[215]进行对比，从而对数值模拟方法进行验证。

假设二维无限均质承压含水层，地下水向水井径向流动。含水层厚度为H，抽水井流量恒定，水头降低值dd，可由下式进行计算：

$$dd = \frac{Q}{4\pi\sqrt{T_{xx}T_{yy} - T_{xy}^2}} W(u_{xy}) \qquad (3\text{-}40)$$

式中，Q是抽水流量，$W(u_{xy})$是井函数，$\boldsymbol{T}$是含水层导水系数张量。

含水层导水系数张量$\boldsymbol{T}$由下式计算：

$$\boldsymbol{T} = \frac{\rho g}{\mu}\boldsymbol{k}H \qquad (3\text{-}41)$$

井函数$W(u_{xy})$表示为：

$$W(u_{xy}) = \int_{u_{xy}}^{\infty} \frac{e^{-x}}{x}\mathrm{d}x \qquad (3\text{-}42)$$

式中，u_{xy}由观测点坐标(x, y)、抽水时间t、含水层贮水系数$S = S_s H$、含水层导水系数张量$\boldsymbol{T}$的分量计算：

$$u_{xy} = \frac{S(T_{xx}y^2 + T_{yy}x^2 - 2T_{xy}xy)}{4t(T_{xx}T_{yy} - T_{xy}^2)} \qquad (3\text{-}43)$$

考虑一个渗透率张量为对角型的含水层，模型大小为 21m × 21m × 1m，数值模型包含 441 个 1m × 1m × 1m 大小的单元。抽水井位于模型中心。模拟时长为 1000s，时间步长为 2s。模型参数如表 3-1 所示。

抽水试验模型水文地质参数　　表 3-1

参数		值
地下水	密度（kg·m⁻³）	998
	黏度（Pa·s）	1×10^{-3}

参数		值
地下水	压缩率（Pa^{-1}）	4.5×10^{-10}
岩石	孔隙率	0.25
	渗透率k_{xx}（m^2）	3×10^{-12}
	渗透率k_{yy}（m^2）	1.5×10^{-12}
	压缩率（Pa^{-1}）	2×10^{-7}
	含水层厚度（m）	1
抽水流量（m$^3 \cdot$s^{-1}）		0.005
重力加速度（m$\cdot$s^{-2}）		9.8

图 3-3（a）显示了抽水持续 1000s 时，模型区域水头降低的解析解。在 A（3m，0m）和 B（0m，3m）两个点处进行水头监测。图 3-3（b）显示了两个监测点处，水头随时间的变化关系，数值解与解析解的计算结果比较一致。与监测点 B 相比，监测点 A 处的解析解与数值解之间的差异较大。这种差别主要是由于边界效应：解析解中假设含水层无限，即边界对求解结果没有影响。然而，在数值模型中，模型区域有限（21m×21m×1m），边界处为定水头边界。因此，监测点水头下降幅度会略小。由于监测点 A 位于渗透率张量椭圆的主轴方向，在该方向上渗透率更大，导致沿x方向上水头降低更大（图 3-3b）。因此，与监测点 B 相比，监测点 A 更易受边界效应的影响。

当渗透率张量椭圆的主方向与坐标轴不对齐的时候，渗透率将具有对称的全张量形式。通过将上一例中的渗透率张量椭圆的主方向旋转 30°，可计算出相应的渗透率全张量（表 3-2），抽水过程中的水头下降也可通过式(3-40)计算。除渗透率外，模型边界条件和含水层参数不变。抽水过程模型水头变化，以及监测点 A 和 B 处水头解析解和数值解的比较结果如图 3-3（c）和图 3-3（d）所示。同

样，运用模拟有限差分计算得到的数值结果与解析解比较接近。数值解dd_{num}和解析解dd_{ana}之间的百分比差异$\frac{|dd_{num}-dd_{ana}|}{dd_{ana}} \times 100\%$，即数值解误差，总体低于 10%（图 3-4）。抽水开始时，会出现较大的差异，这主要由于在起始阶段，水头降低值dd很小，即使数值解和解析解之间的计算结果大小接近，但除以dd后，也会导致较大的百分比差异。

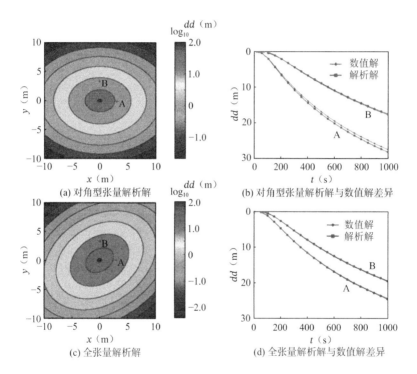

(a) 对角型张量解析解

(b) 对角型张量解析解与数值解差异

(c) 全张量解析解

(d) 全张量解析解与数值解差异

图 3-3　监测点 A 和 B 处降深解析解与数值解差异

不同方位角下渗透率张量　表 3-2

方位角（°）	渗透率张量（10^{-12}m²）			
	k_{xx}	k_{xy}	k_{yx}	k_{yy}
0	3	0	0	1.5
30	2.63	0.65	0.65	1.88

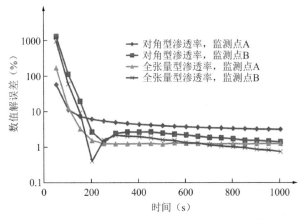

图3-4 对角型张量和全张量渗透率情况下，监测点处数值解误差

3.5 算例

3.5.1 地埋管换热器模型

假设二维含水层中有一地埋管换热器，含水层渗透率各向异性。模型区域大小为 30m × 15m × 1m，划分为 450 个 1m × 1m × 1m 大小的网格单元。数值模拟过程中，部分流体和岩石参数随水头和温度而变化[198]，其中为常数的岩石参数如表3-3所示。

恒定岩石物性参数 表3-3

参数	值
孔隙率	0.37
渗透率k_{xx}（m²）	1×10^{-12}
渗透率k_{yy}（m²）	1.5×10^{-12}
压缩率（Pa^{-1}）	1×10^{-10}
体积热容（J·m^{-3}·K^{-1}）	2.9×10^{6}

模型初始温度为 10℃，模型左侧有一个地埋管换热器，采热速率 $H = -0.5W/m^3$。四条边界处温度保持为恒定的 10℃。左、右边界

水头 h_0 分别设置为 101m 和 100m，前、后边界设置为无流量边界，地下水向右渗流。

图 3-5（a）和图 3-5（b）分别绘制了使用有限体积法（FVM）和模拟有限差分法（MFD）求解渗流方程，进而获得的温度等值线。可以看出，温度场分布随流场而变化。两种方法计算的温度等值线非常吻合，但在 x 方向上的渗流速度具有较大的差异，约 4%（图 3-7a、图 3-7b）。

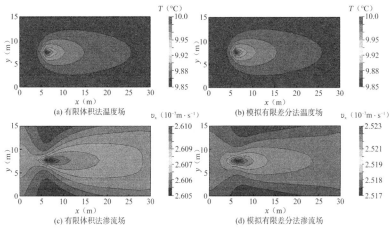

图 3-5　不同方法计算获得的温度场和渗流场

由于流体性质受到温度和水头影响，模型中渗流速度分布不均匀（图 3-5c、图 3-5d）。两种方法计算的渗流速度在地埋管换热器周围的分布形态类似，但有限体积法（FVM）计算的结果偏高（图 3-5c、图 3-5d）。主要因为有限体积法（FVM）将边界水头赋值在单元的中心，而模拟有限差分法（MFD）赋值在单元面上。对于有限体积法（FVM），左右边界的距离稍小，导致整个模型中渗流速度增加。总体而言，在温度梯度最大的地埋管换热器处，渗流速度差异较大。然而，这种因边界条件赋值位置造成的差异会随着使用的单元数量的增加而减小，不同方法计算的温度百分差异低于 0.05%，因此可以忽略不计。

以下考虑非均质含水层中求解渗流-传热耦合问题。模型中网格单元渗透率（图 3-6a）基于 SPE-10 模型[216]中 486000 个网格渗透率进行尺度提升计算获得。尺度提升后网格渗透率之间相差近两个数量级，模型的尺寸和其他参数与上述均质模型相同。

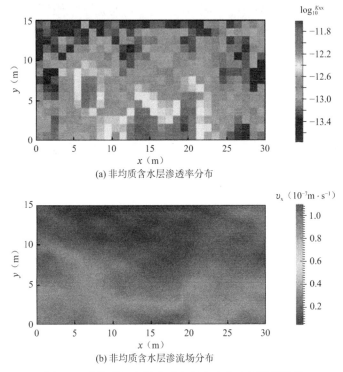

(a) 非均质含水层渗透率分布

(b) 非均质含水层渗流场分布

图 3-6　非均质含水层渗透率分布和渗流场计算结果

　　分别运用有限体积法（FVM）和模拟有限差分法（MFD）求解同样的渗流-传热耦合问题。通过模拟有限差分法计算的x方向的渗流速度如图 3-6（b）所示。可以看出：非均质渗透率对渗流速度影响非常大，流体属性的变化对渗流速度的影响不如在均质模型中明显。与均质模型相比，不同方法计算的渗流速度差异增加（图 3-7c、图 3-7d），但仍低于 12%，体现了两种方法计算结果的一致性。以上均质和非均质算例表明：模拟有限差分法（MFD）的计算结果能够很好地体现各向异性对渗流-传热耦合过程的影响，适用于高度非均质各向异性渗透率模型。

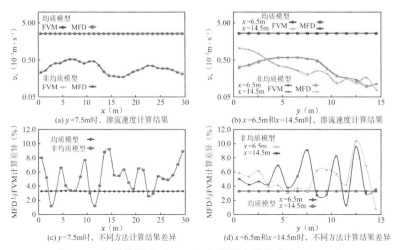

(a) $y=7.5$m时,渗流速度计算结果

(b) $x=6.5$m和$x=14.5$m时,渗流速度计算结果

(c) $y=7.5$m时,不同方法计算结果差异

(d) $x=6.5$m和$x=14.5$m时,不同方法计算结果差异

图 3-7 有限体积法（FVM）和模拟有限差分法（MFD）计算的渗流速度及差异

3.5.2 三维含水层抽水模型

假设承压含水层模型的尺寸为 15m × 15m × 3m，划分为 1m × 1m × 1m 的网格单元（图 3-8）。该模型包含三层，每一层渗透率都具有垂向各向异性特征，模型中地下水和岩石物理性质参数如表 3-4 所示。

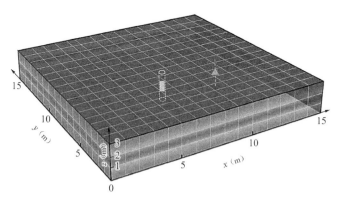

图 3-8 三维含水层抽水模型。圆柱表示井，三角表示中间层监测点

假设模型中的渗流方向从前到后，即设置$y = 0$m 处水头边界为

101m，$y = 15$m 处为 100m，其他边界设置为无流量边界。中间层有一抽水井（图 3-8），流量 $Q = -0.01\text{m}^3/\text{s}$。抽水持续时间为 3000s，数值模型中的时间步长为 10s。

三维模型水文地质参数　　　　　　　　表 3-4

参数		值		
地下水	密度（kg·m^{-3}）	998		
	黏度（Pa·s）	8.9×10^{-4}		
	压缩率（Pa^{-1}）	4.6×10^{-10}		
岩石	—	下层	中层	上层
	孔隙率	0.1	0.12	0.1
	渗透率k_{xx}（m^2）	7.5×10^{-13}	15×10^{-13}	7.5×10^{-13}
	渗透率k_{yy}（m^2）	7.5×10^{-13}	15×10^{-13}	7.5×10^{-13}
	渗透率k_{zz}（m^2）	2.0×10^{-13}	3.0×10^{-13}	2.0×10^{-13}
	压缩率（Pa^{-1}）	5×10^{-7}	5×10^{-7}	5×10^{-7}

　　模型中，在深度 1.5m 处设一监测井（图 3-8）。监测井处的降深和沿 x 方向的渗流速度的变化如图 3-9 所示。结果表明：通过有限体积法计算的降深和渗流速度都大于通过模拟有限差分法的计算结果。两种方法之间降深百分比差异$\left(\left|\frac{h_{\text{MFD}}-h_{\text{FVM}}}{h_{\text{FVM}}}\right| \times 100\%\right)$，和沿 x 方向的渗流速度的百分差异$\left(\left|\frac{v_{x\text{MFD}}-v_{x\text{FVM}}}{v_{x\text{FVM}}}\right| \times 100\%\right)$，分别在 4% 处和 20% 处趋于稳定（见图 3-9a、图 3-9b）。

　　假如含水层中存在倾斜的裂隙，即渗透率张量对应的椭球主方向与坐标轴不对齐，那么模型中的渗透率将具有对称的全张量形式。对于模型的上层和下层，假设渗透率张量的非对角分量 k_{xz} 和 k_{yz} 分别为 $1 \times 10^{-13}\text{m}^2$，除此之外，其他参数和求解条件保持不变，求解同一抽水问题。

　　结果显示：对于水头和沿 x 方向的渗流速度，当运用模拟有限差分法时，无论使用对角型渗透率张量，还是使用非对角元素（k_{xz} 和 k_{yz}）不为 0 的渗透率张量，计算结果几乎不变（图 3-9a、图 3-9b）。

实际上，在抽水过程中，相较于使用对角型渗透率张量，当使用k_{xz}和k_{yz}不为 0 的渗透率张量时，z方向上渗流速度会增加。因此，当各向异性渗透率对应的椭球主轴与坐标轴不对齐时，使用模拟有限差分法能够更准确地模拟含水层水动力特征。

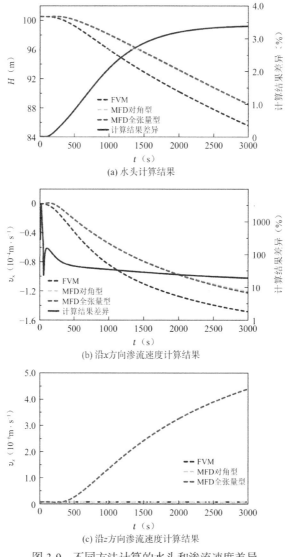

(a) 水头计算结果

(b) 沿x方向渗流速度计算结果

(c) 沿z方向渗流速度计算结果

图 3-9　不同方法计算的水头和渗流速度差异

第4章

裂隙介质尺度提升

裂隙介质等效参数（渗透率或等效渗透系数）的确定，即尺度提升（Upscaling），是近年来备受关注的问题。由于介质渗透性决定地下流体渗流的大小和方向，且随着尺度变化比较明显，本章主要介绍裂隙介质渗透率（或渗透系数）的尺度提升，一些综述文章对尺度提升及相关问题进行了讨论[42,182,217,218]。

Snow[219]最早研究了裂隙介质渗透率，提出了包含几条平行裂隙的等效渗透率计算方法。Oda[220]考虑包含任意方向的裂隙模型，提出了一种裂隙介质等效渗透率计算方法，在油藏模拟和岩土工程等领域有广泛应用[166,221]。然而，该方法有时存在过高估计等效渗透率的情况，Haridy 等[222]对其进行了改进。Miao 等[70]基于分形几何理论，提出了一种用于估算裂隙介质等效渗透率的方法。Ebigbo 等[223]基于有效介质模型（Effective Medium Model）计算三维裂隙介质的等效渗透率。以上方法都是基于数学公式计算等效渗透率，可称为"解析法"[224]。

另一类渗透率尺度提升方法基于数值求解离散裂隙模型的渗流方程，通过求解结果反推等效渗透系数，称为"数值法"。Long 等[140]最先使用有限元方法，在线性边界条件下求解离散裂隙网络模型的渗流方程，计算等效渗透率。Koudina 等[225]基于非结构化网格，使用有限体积法计算等效渗透率。Baghbanan 和 Jing[226]考虑地应力的影响，基于离散元方法计算等效渗透率。以上方法都是基于离散裂隙网络（DFN）模型[227]，即假设基岩不具有渗透性，流动仅仅发生在相互连通的裂隙网络之间。因此，上述尺度提升方法的局限性在于：无法应用于基岩也具有较高渗透性的裂隙介质[2,228]。最近，机器学习技术也被应用于裂隙介质尺度提升研究[143]。

离散裂隙模型（DFM）中可以考虑基岩的渗透性，因此该方法应用更加广泛。Lough 等[229]最早使用边界元方法，在计算等效渗透率的同时，考虑了基岩渗透率。Bogdanov 等[230]将 Koudina 等[225]的方法进行扩展，在离散裂隙模型的基础上，运用有限体积法（FVM）数值计算等效渗透率。Lee 等[231]考虑不同尺度裂隙对渗流的影响程度不同，提出了一种新的裂隙介质模拟方法：对于短裂隙，使用 Oda 法进行尺度提升获得等效渗透率（解析法）；对于中等长度的裂隙，基于 Lough 等[229]提出的尺度提升方法（数值法），获得等效渗透率；对于长裂隙，它们被设置为流体通道，基本保留了几何形态。基于离散裂隙模型[232]，Karimi-Fard 等[38]提出对于双重连续介质（DP）的尺度提升方法，该离散裂隙模型运用基于两点流量近似的有限体积法（FVM）进行求解。Tatomir 等[233]提出了适用于多重相互作用的连续体模型（MINC）的尺度提升方法。Fumagalli 等[234]进一步扩展了 Karimi-Fard 等[38]提出的方法：通过使用嵌入式离散裂隙模型（EDFM），加快尺度提升的计算过程。Lang 等[89]基于有限元方法模拟裂隙中的渗流过程，运用体积平均方法来反推等效渗透率。

数值法也是一种被广泛使用的尺度提升方法，"数值法"比"解析法"计算步骤复杂，但精度更高。"数值法"可进一步分为"边界流量法"和"体积平均法"，具体取决于反推等效渗透率过程中使用的渗流信息[182]。

在后续介绍尺度提升及相关模型过程中，主要涉及两个尺度：一个是裂隙尺度，即"细尺度"：区域内每条裂隙的形状、方向等几何形态精确表示，裂隙之外的地方是基岩，该尺度上对应的模型为离散裂隙模型（DFM）。一个是网格块尺度，即"粗尺度"：该尺度上的裂隙介质渗透性由单一的、经尺度提升计算得到的等效渗透率表示，该尺度上对应的模型为等效裂隙模型（EFM）。

4.1　渗透率尺度提升的解析法

本节主要介绍常用的裂隙介质尺度提升方法：Oda 法的推导过

程。在细尺度上，单一裂隙中渗流速度$v_i^{(f)}$由立方定律计算：

$$v_i^{(f)} = -\frac{\rho g}{\mu}\frac{w^2}{12}J_i^{(f)} \tag{4-1}$$

式中，w表示裂隙宽度，$J_i^{(f)}$表示裂隙中的水力梯度，ρ表示流体密度，g表示重力加速度，μ表示动力黏度。

对于一条无限延伸的裂隙，其水力梯度$J_i^{(f)}$可用粗尺度上网格块的水力梯度$J_j^{(b)}$和裂隙方向表示[219]：

$$J_i^{(f)} = (\delta_{ij} - n_i n_j)J_j^{(b)} \tag{4-2}$$

式中，δ_{ij}是Kronecker符号，n_i和n_j分别是裂隙面法向量在i和j方向上的投影，$J_j^{(b)}$表示粗尺度上j方向的水力梯度。

考虑到岩石中裂隙实际长度不一定都能无限延展，可通过引入参数λ，表示长短不一带来的影响。将式(4-2)带入到式(4-1)，裂隙中的渗流速度可以写为[220]：

$$v_i^{(f)} = -\lambda\frac{\rho g}{\mu}w^2(\delta_{ij} - n_i n_j)J_j^{(b)}, 0 < \lambda \leqslant \frac{1}{12} \tag{4-3}$$

式中，λ的上限值1/12代表裂隙长度在细尺度上无限延展。

一条裂隙的体积$dV^{(f)}$可以表示为：

$$dV^{(f)} = A^{(f)}w \tag{4-4}$$

式中，$A^{(f)}$表示裂隙面的面积。

假设细尺度上裂隙介质包含N条裂隙，裂隙中的体积平均流速可表示为：

$$\begin{aligned}
\bar{v}_i^f &= \frac{1}{V}\int_{V^{(f)}} v_i^{(f)}\,dV^{(f)} \\
&= \frac{1}{V}\sum_{n=1}^{N}\left[-\lambda\frac{\rho g}{\mu}w^2(\delta_{ij} - n_i n_j)J_j^{(b)}A^{(f)}w\right]_n
\end{aligned} \tag{4-5}$$

式中，下标n表示第n条裂隙，N表示裂隙总数。

假设细尺度上裂隙介质中基岩具有渗透性，基岩中渗流速度可以表示为：

$$v_i^{(m)} = -\frac{\rho g}{\mu}k_{ij}^{(m)}J_j^{(b)} \tag{4-6}$$

式中，$v_i^{(m)}$和$k_{ij}^{(m)}$分别是基岩的渗流速度和渗透率。

由于裂隙宽度通常非常小，在裂隙介质中裂隙的体积占比很低，可将基岩体积近似为整个裂隙介质体积V：

$$V^{(m)} \approx V \tag{4-7}$$

基岩中体积平均流速从而可表示为：

$$\overline{v}_i^{(m)} = \frac{1}{V} \int_{V^{(m)}} v_i^{(m)} \, dV^{(m)} \tag{4-8}$$

在细尺度上，同时考虑裂隙和岩石基岩中的渗流，则体积平均渗流速度$\overline{v}_i$可以表示为：

$$\overline{v}_i = \overline{v}_i^{(f)} + \overline{v}_i^{(m)} \tag{4-9}$$

在粗尺度上，渗流速度与等效渗透率的关系可用达西定律表示：

$$v_i = -\frac{\rho g}{\mu} k_{ij} J_j^{(b)} \tag{4-10}$$

式中，v_i表示i方向上的渗流速度，ρ表示流体密度，g表示重力加速度，μ表示动力黏度，而$J_j^{(b)}$表示粗尺度上j方向的水力梯度。

将式(4-10)中粗尺度的渗流速度v_i替换为式(4-9)中细尺度的体积平均流速$\overline{v}_i$，则粗尺度上等效渗透率可以表示为：

$$k_{ij}^{(eq)} = \frac{\lambda}{V} \sum_{n=1}^{N} \left[w^3 A^{(f)} (\delta_{ij} - n_i n_j) \right]_n + k_{ij}^{(m)} \tag{4-11}$$

通过上式可将离散裂隙的几何特征与粗尺度网格的等效渗透率建立联系。

4.2　渗透率尺度提升的数值法

运用数值法进行渗透率尺度提升的基本思路是：已知细尺度上的裂隙和基岩的几何形态及其渗透率，通过数值求解稳态渗流方程，获得细尺度上的水头压力、渗流速度和边界流量等信息。然后，将其带入到粗尺度的达西定律中，反推获得等效渗透率。

以下介绍数值法的计算步骤：在细尺度上，对于单相、不可压缩并且无源汇项的稳态渗流，质量守恒方程表示为：

$$\nabla \cdot \boldsymbol{v} = 0 \tag{4-12}$$

式中，$\boldsymbol{v}$是渗流速度，由达西定律计算：

$$\boldsymbol{v} = -\frac{k}{\mu} \cdot \nabla P \tag{4-13}$$

式中，k表示裂隙或基岩渗透率，μ表示流体的动力黏度，P表示流体压力。裂隙渗透率可通过裂隙宽度，运用立方定律表示[219]：

$$k = \frac{w^2}{12} \tag{4-14}$$

结合式(4-13)和式(4-14)，细尺度上的渗流方程可写为：

$$\nabla \cdot \left(-\frac{k}{\mu} \cdot \nabla P \right) = 0 \tag{4-15}$$

对于该裂隙介质，粗尺度上的渗流速度$\boldsymbol{v}^*$可表示为：

$$\boldsymbol{v}^* = -\frac{\boldsymbol{k}^*}{\mu} \cdot \nabla P^{\mathrm{c}} \tag{4-16}$$

式中，P^{c}表示粗尺度上的流体压力，$\boldsymbol{k}^*$表示粗尺度网格的等效渗透率。

粗尺度上的渗流方程可以表示为：

$$\nabla \cdot \left(-\frac{\boldsymbol{k}^*}{\mu} \cdot \nabla P^{\mathrm{c}} \right) = 0 \tag{4-17}$$

在二维坐标系中，等效渗透率$\boldsymbol{k}^*$由对称的二阶张量表示：

$$\boldsymbol{k}^* = \begin{pmatrix} k_{\mathrm{xx}}^* & k_{\mathrm{xy}}^* \\ k_{\mathrm{yx}}^* & k_{\mathrm{yy}}^* \end{pmatrix} \tag{4-18}$$

在三维模型中，等效渗透率$\boldsymbol{k}^*$由对称的三阶张量表示：

$$\boldsymbol{k}^* = \begin{pmatrix} k_{\mathrm{xx}}^* & k_{\mathrm{xy}}^* & k_{\mathrm{xz}}^* \\ k_{\mathrm{yx}}^* & k_{\mathrm{yy}}^* & k_{\mathrm{yz}}^* \\ k_{\mathrm{zx}}^* & k_{\mathrm{zy}}^* & k_{\mathrm{zz}}^* \end{pmatrix} \tag{4-19}$$

数值法尺度提升的目的就是：寻找式(4-17)中的等效渗透率$\boldsymbol{k}^*$，使粗尺度上的求解渗流方程式(4-17)的解（水头压力、流量等）尽可能接近于细尺度上的渗流方程式(4-15)的解[235]。根据尺度提升过程中使用的细尺度渗流信息不同，数值法可进一步分为：边界流量法和体积平均法。

4.2.1 边界流量法

首先考虑二维裂隙介质等效渗透率的尺度提升的单边界流量法（SFU）。假设一方块区域的裂隙介质，其中包含裂隙和基岩。对该裂隙介质施加沿x方向的线性压力边界条件（图4-1a）：

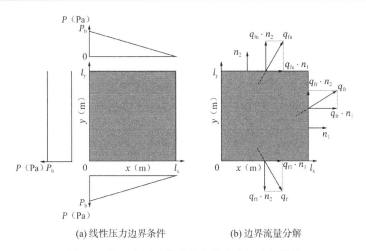

(a) 线性压力边界条件   (b) 边界流量分解

图 4-1　粗尺度网格的边界条件和边界流量计算

$$左边界：P(0, y) = P_b \qquad (4\text{-}20a)$$

$$右边界：P(l_x, y) = 0 \qquad (4\text{-}20b)$$

$$上下边界：P(x, 0) = P(x, l_y) = P_b\left(1 - \frac{x}{l_x}\right) \qquad (4\text{-}20c)$$

在细尺度上，基于离散裂隙模型求解线性边界条件［式(4-20)］下方程式(4-15)的解，获得细尺度的压力 P 和渗流速度 $\boldsymbol{v}$。在此基础上，可以计算粗尺度网格边界上，沿 x 和 y 方向的流量 q_x 和 q_y[140,236]：

$$q_x = \int_0^{l_y} v_r \cdot n_1 dy \qquad (4\text{-}21a)$$

$$q_y = \int_0^{l_x} v_u \cdot n_2 dx \qquad (4\text{-}21b)$$

式中，v_r 和 v_u 分别表示右边界和上边界的渗流速度，n_1 和 n_2 表示沿 x 和 y 方向的单位向量，l_x 和 l_y 分别表示 x 和 y 方向上的粗尺度网格长度（图 4-1a）。在离散裂隙模型中，裂隙和基岩都具有渗透性[230,232]，q_x 和 q_y 可用于表示基岩或裂隙的渗流速度。

粗尺度模型中，假设其网格边界流量与细尺度计算的边界流量式(4-21)一致。基于粗尺度渗流速度计算公式，即式(4-16)，流量与等效渗透率之间遵循达西定律，建立粗尺度边界流量与等效渗透率之间的联系：

$$q_x = -\left(\frac{k_{xx}^*}{\mu} \cdot \frac{\partial P}{\partial x} + \frac{k_{xy}^*}{\mu} \cdot \frac{\partial P}{\partial y}\right) \cdot A_x \qquad (4\text{-}22a)$$

$$q_y = -\left(\frac{k_{yx}^*}{\mu} \cdot \frac{\partial P}{\partial x} + \frac{k_{yy}^*}{\mu} \cdot \frac{\partial P}{\partial y}\right) \cdot A_y \qquad (4\text{-}22b)$$

根据线性边界条件（式4-20）：$\frac{\partial P}{\partial y} = 0$ 和 $\frac{\partial P}{\partial x} = \frac{P_b}{l_x}$，式(4-22)可写为：

$$k_{xx}^* = \frac{q_x \cdot \mu \cdot l_x}{P_b \cdot l_y} \qquad (4\text{-}23a)$$

$$k_{yx}^* = \frac{q_x \cdot \mu \cdot l_x}{P_b \cdot l_x} \qquad (4\text{-}23b)$$

在式(4-20)的基础上，将压力梯度的方向改为沿 y 方向，可通过类似计算方法获得另外两个等效渗透率分量 k_{xy}^* 和 k_{yy}^*。上述计算得到的等效渗透率张量通常具有全张量的形式，甚至可能不对称，为获得对称的等效渗透率张量，可将非对角分量统一设置为 $(k_{yx}^* + k_{xy}^*)/2$[182]。

多边界流量法（MFU）与上述单边界流量法（SFU）的计算过程类似，区别在于：在计算边界流量时即式(4-21)，使用了一种新的方法[184]。考虑到裂隙中的渗流速度是一个既有大小又有方向的矢量，对于二维模型，模型边界上裂隙中的流量可以沿 x 和 y 方向分解为两个方向，该流量计算方法将对后续等效渗透率的计算产生影响（图 4-1b）。

对于多边界流量法，假设当水力梯度沿 x 方向时，不仅右边界的流量对计算等效渗透率有影响，上边界和下边界的流量也对计算等效渗透率有影响。在最高压力的边界上（图 4-1a 中的左边界），没有流量流出边界。因此，表达式(4-21)可以进一步表示为多个边界上的流量之和：

$$q_x = \int_0^{l_y} v_r \cdot n_1 dy + \int_0^{l_x} v_u \cdot n_1 dy + \int_0^{l_x} v_l \cdot n_1 dy \qquad (4\text{-}24a)$$

$$q_y = \int_0^{l_x} v_u \cdot n_2 dx + \int_0^{l_x} v_l \cdot n_2 dx + \int_0^{l_y} v_r \cdot n_2 dx \qquad (4\text{-}24b)$$

式中，v_u 和 v_l 分别表示上、下边界的渗流速度（图 4-1b）。

比较式(4-21)和式(4-24)，前者流量计算方法使用了与压力梯度方向正交或平行的单个边界上的流量；新的流量计算方法同时考虑了与压力梯度正交和平行的多个边界上的流量。为了便于区分，基于前一种流量计算的尺度提升方法可称为单边界流量法（SFU），后一种方法可称为多边界流量法（MFU）。

值得注意的是：边界条件（式4-20）会影响等效渗透率的计算结果[218]。设置边界的水头压力时，最好能够反映模型真实的流动状态。在尺度提升过程中，通常选择三种边界条件类型：无流量边界、线性压力边界（式4-20）和周期性边界条件[182]。无流量是最简单且易于实现的边界条件，该边界条件下获得的等效渗透率张量是对角型，即渗透率张量对应的椭圆（椭球）主轴方向始终与坐标轴平行。然而，对于具有高度非均质性的裂隙介质而言，等效渗透率由全张量表示更准确。运用周期性边界条件将获得对称的、全张量形式的等效渗透率[236]。然而，该边界条件不太符合天然条件的地下流场，并且在离散裂隙模型中应用时相对复杂[89]。因此，使用线性压力边界条件能够接近真实的渗流情况，在尺度提升后处理过程中，可通过对非对角分量进行平均得到对称的等效渗透率张量。

三维多边界流量法是在上述二维模型基础上的拓展。假设立方体形状的裂隙介质中包含 1 条裂隙（图4-2），在模型周围施加沿x轴的线性水头边界条件，在细尺度上求解稳态渗流方程（式4-15）后，不同方向的边界流量包括来自裂隙的流量$q^{(\mathrm{f})}$和基岩的流量$q^{(\mathrm{m})}$：

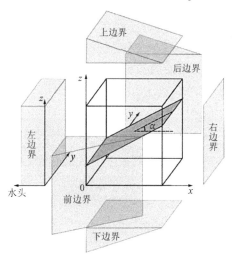

图 4-2 三维裂隙介质线性水头边界条件

$$\overline{q}_x = \overline{q}_x^{(f)} + \overline{q}_x^{(m)} \tag{4-25a}$$

$$\overline{q}_y = \overline{q}_y^{(f)} + \overline{q}_y^{(m)} \tag{4-25b}$$

$$\overline{q}_z = \overline{q}_z^{(f)} + \overline{q}_z^{(m)} \tag{4-25c}$$

式中，$\overline{q}_x$、$\overline{q}_x^{(f)}$和$\overline{q}_x^{(m)}$分别表示沿x方向上的总流量、裂隙流量和基岩流量。同样地，对于y和z方向上的流量，也使用相同的符号约定。

边界上裂隙的流量是一个既有大小又有方向的向量。对于二维模型，流量可以分解为两个方向（x和y方向），都对等效渗透率的计算产生影响（图4-1b）。对于三维模型，流量可以分解为三个方向（x、y和z），除了具有最高水头压力的左边界，其他5个边界均会产生沿不同方向的流量（图4-2）。因此，三维裂隙介质模型的渗透率尺度提升过程中，流量计算公式可表示为：

$$\overline{q}_x^{(f)} = \sum_{r=1}^{N_r} q_{xr}^{(f)} + \sum_{u=1}^{N_u} q_{xu}^{(f)} + \sum_{l=1}^{N_l} q_{xl}^{(f)} + \sum_{f=1}^{N_f} q_{xf}^{(f)} +$$
$$\sum_{re=1}^{N_{re}} q_{xre}^{(f)} \tag{4-26a}$$

$$\overline{q}_y^{(f)} = \sum_{r=1}^{N_r} q_{yr}^{(f)} + \sum_{u=1}^{N_u} q_{yu}^{(f)} + \sum_{l=1}^{N_l} q_{yl}^{(f)} + \sum_{f=1}^{N_f} q_{yf}^{(f)} +$$
$$\sum_{re=1}^{N_{re}} q_{yre}^{(f)} \tag{4-26b}$$

$$\overline{q}_z^{(f)} = \sum_{r=1}^{N_r} q_{zr}^{(f)} + \sum_{u=1}^{N_u} q_{zu}^{(f)} + \sum_{l=1}^{N_l} q_{zl}^{(f)} + \sum_{f=1}^{N_f} q_{zf}^{(f)} +$$
$$\sum_{re=1}^{N_{re}} q_{zre}^{(f)} \tag{4-26c}$$

式中，$q_{xr}^{(f)}$、$q_{xu}^{(f)}$、$q_{xl}^{(f)}$、$q_{xf}^{(f)}$和$q_{xre}^{(f)}$分别表示沿x方向的裂隙单元在粗尺度网格的右侧、上侧、下侧、前侧和后侧边界上的流量（图4-2），N_r、N_u、N_l、N_f和N_{re}分别表示右侧、上侧、下侧、前侧和后侧边界上的裂隙总数。对于沿y和z方向的裂隙流量，可使用类似的表达式，分别求取$\overline{q}_y^{(f)}$和$\overline{q}_z^{(f)}$。

若立方体块的六个边界面积相同，将粗尺度网格的渗流速度用流量表示，式(4-16)可写为：

$$\begin{bmatrix} q_x \\ q_y \\ q_z \end{bmatrix} = -A\frac{\rho g}{\mu} \begin{bmatrix} k_{xx}^* & k_{xy}^* & k_{xz}^* \\ k_{yx}^* & k_{yy}^* & k_{yz}^* \\ k_{zx}^* & k_{zy}^* & k_{zz}^* \end{bmatrix} \begin{bmatrix} J_x \\ J_y \\ J_z \end{bmatrix} \tag{4-27}$$

式中，A 表示粗尺度网格单元的侧面边界面积，q_x、q_y 和 q_z 分别是粗尺度网格在 x、y 和 z 方向的流量。

将细尺度上求得的 $\overline{q}_x$、$\overline{q}_y$ 和 $\overline{q}_z$（式4-26）替换粗尺度上的 q_x、q_y 和 q_z（式4-27），可以构建三个关系式。通过改变线性边界条件的方向，求解在细尺度下的三个渗流问题（式4-15），获得九个关系式，从而计算等效渗透率张量的九个分量：

$$\boldsymbol{k}^* = \begin{bmatrix} k_{xx}^* & k_{xy}^* & k_{xz}^* \\ k_{yx}^* & k_{yy}^* & k_{yz}^* \\ k_{zx}^* & k_{zy}^* & k_{zz}^* \end{bmatrix} = -\frac{\mu}{A\rho g} \begin{bmatrix} \dfrac{\overline{q}_x^{(1)}}{J_x^{(1)}} & \dfrac{\overline{q}_x^{(2)}}{J_y^{(2)}} & \dfrac{\overline{q}_x^{(3)}}{J_z^{(3)}} \\[2mm] \dfrac{\overline{q}_y^{(1)}}{J_x^{(1)}} & \dfrac{\overline{q}_y^{(2)}}{J_y^{(2)}} & \dfrac{\overline{q}_y^{(3)}}{J_y^{(3)}} \\[2mm] \dfrac{\overline{q}_z^{(1)}}{J_x^{(1)}} & \dfrac{\overline{q}_z^{(2)}}{J_y^{(2)}} & \dfrac{\overline{q}_z^{(3)}}{J_z^{(3)}} \end{bmatrix} \tag{4-28}$$

式中，数字 1、2 和 3 分别表示沿 x、y 和 z 方向的线性压力边界条件下的渗流过程。

4.2.2 体积平均法

与多边界流量法类似，体积平均法也需要在细尺度上求解线性压力边界条件下的渗流方程（式4-15）。通过在模型周围施加沿 x 轴的线性边界条件（图4-2），数值求解稳态渗流问题，可通过细尺度网格单元的求解结果，计算粗尺度网格的体积平均渗流速度 $\overline{v}_i$ 和水力坡度 $\overline{J}_i$：

$$\overline{v}_i = \frac{1}{V} \int_V v_i^{(e)} \, \mathrm{d}V^{(e)} \tag{4-29}$$

$$\overline{J}_i = \frac{1}{V} \int_V J_i^{(e)} \, \mathrm{d}V^{(e)} \tag{4-30}$$

式中，$v_i^{(e)}$、$J_i^{(e)}$ 和 V 分别表示细尺度网格单元（裂隙或基岩）的渗流速度、水力坡度和体积。

在粗尺度上，假设等效渗透率张量对称，达西定律（式4-16）可展开写为：

$$\begin{bmatrix} v_x \\ v_y \\ v_z \end{bmatrix} = -\frac{\rho g}{\mu} \begin{bmatrix} k_{xx} & k_{xy} & k_{xz} \\ k_{yx} & k_{yy} & k_{yz} \\ k_{zx} & k_{zy} & k_{zz} \end{bmatrix} \begin{bmatrix} J_x \\ J_y \\ J_z \end{bmatrix} \tag{4-31}$$

利用式(4-29)和式(4-30)，将细尺度上求得的$\bar{v}_x$、$\bar{v}_y$和$\bar{v}_z$、$\bar{J}_x$、$\bar{J}_y$和$\bar{J}_z$代替粗尺度达西定律（式4-31）中的v_x、v_y和v_z，J_x、J_y和J_z，可反推粗尺度的等效渗透率$\boldsymbol{k}^*$。

由于等效渗透率张量有九个分量，但求解一个渗流问题只能建立三个关系式。因此，与多边界法一样，通过改变线性边界条件的方向（图4-2），求解三个渗流问题，可获得等效渗透率的全部分量。此外，为获得具有对称性的渗透率张量分量，还将添加3个约束条件。因此，基于细尺度渗流方程的求解，通过求解以下线性方程组获得粗尺度网格的等效渗透率：

$$-\frac{\rho g}{\mu} \begin{pmatrix} \bar{J}_x^{(1)} & \bar{J}_y^{(1)} & \bar{J}_z^{(1)} & 0 & 0 & 0 & 0 & 0 & 0 \\ 0 & 0 & 0 & \bar{J}_x^{(1)} & \bar{J}_y^{(1)} & \bar{J}_z^{(1)} & 0 & 0 & 0 \\ 0 & 0 & 0 & 0 & 0 & 0 & \bar{J}_x^{(1)} & \bar{J}_y^{(1)} & \bar{J}_z^{(1)} \\ \bar{J}_x^{(2)} & \bar{J}_y^{(2)} & \bar{J}_z^{(2)} & 0 & 0 & 0 & 0 & 0 & 0 \\ 0 & 0 & 0 & \bar{J}_x^{(2)} & \bar{J}_y^{(2)} & \bar{J}_z^{(2)} & 0 & 0 & 0 \\ 0 & 0 & 0 & 0 & 0 & 0 & \bar{J}_x^{(2)} & \bar{J}_y^{(2)} & \bar{J}_z^{(2)} \\ \bar{J}_x^{(3)} & \bar{J}_y^{(3)} & \bar{J}_z^{(3)} & 0 & 0 & 0 & 0 & 0 & 0 \\ 0 & 0 & 0 & \bar{J}_x^{(3)} & \bar{J}_y^{(3)} & \bar{J}_z^{(3)} & 0 & 0 & 0 \\ 0 & 0 & 0 & 0 & 0 & 0 & \bar{J}_x^{(3)} & \bar{J}_y^{(3)} & \bar{J}_z^{(3)} \\ 0 & -1 & 0 & 1 & 0 & 0 & 0 & 0 & 0 \\ 0 & 0 & -1 & 0 & 0 & 0 & 1 & 0 & 0 \\ 0 & 0 & 0 & 0 & -1 & 0 & 0 & 1 & 0 \end{pmatrix} \begin{pmatrix} k_{xx} \\ k_{xy} \\ k_{xz} \\ k_{yx} \\ k_{yy} \\ k_{yz} \\ k_{zx} \\ k_{zy} \\ k_{zz} \end{pmatrix} = \begin{pmatrix} \bar{v}_x^{(1)} \\ \bar{v}_y^{(1)} \\ \bar{v}_z^{(1)} \\ \bar{v}_x^{(2)} \\ \bar{v}_y^{(2)} \\ \bar{v}_z^{(2)} \\ \bar{v}_x^{(3)} \\ \bar{v}_y^{(3)} \\ \bar{v}_z^{(3)} \\ 0 \\ 0 \\ 0 \end{pmatrix} \tag{4-32}$$

4.3 二维裂隙介质尺度提升

本节主要介绍多边界尺度提升方法在二维裂隙介质中的应用，

包括：方法验证、单一长裂隙和裂隙网络的尺度提升。同时，在尺度提升过程中，比较多边界尺度提升方法（MFU）和单边界尺度提升方法（SFU）的计算结果，以及考虑不同基岩渗透性的影响。细尺度的二维裂隙介质渗流模型主要运用 Matlab Reservoir Simulation Toolbox（MRST）软件[210,237]进行求解。

4.3.1 多边界尺度提升方法验证

假设正方形的粗尺度网格中包含一条无限延伸的裂隙（裂隙两个端点穿过网格边界），网格尺寸为 1m × 1m（图 4-3），基岩渗透率 $k_m = 0.001\text{nm}^2$，裂隙宽度为 3μm[48]，根据立方定律，裂隙渗透率为 $k_f = 7.5 \times 10^5\text{nm}^2$。由于基岩渗透率与裂隙渗透率相比（$k_m/k_f$）很小，在此可以将基岩渗透率忽略不计。裂隙的方位角范围从 0° 旋转到

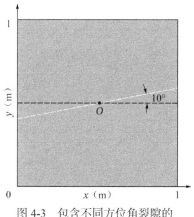

图 4-3 包含不同方位角裂隙的
粗尺度网格

180°（图 4-3），基于多边界渗透率尺度提升方法，分别计算不同方位角下裂隙的等效渗透率张量，结果如表 4-1 所示。

不同方位角裂隙等效渗透率张量 　　　　表 4-1

方位角（°）	等效渗透率（nm²）		
	k_{xx}^*	$(k_{xy}^* + k_{yx}^*)/2$	k_{yy}^*
0	2.25	0	0
10	2.18	0.39	0.07
20	1.99	0.72	0.26
30	1.68	0.98	0.57
40	1.32	1.11	0.93
50	0.93	1.11	1.32

方位角（°）	等效渗透率（nm²）		
	k_{xx}^*	$(k_{xy}^* + k_{yx}^*)/2$	k_{yy}^*
60	0.57	0.98	1.68
70	0.26	0.72	1.99
80	0.07	0.39	2.18
90	0	0	2.25
100	0.07	−0.39	2.18
110	0.26	−0.72	1.99
120	0.57	−0.98	1.68
130	0.93	−1.11	1.32
140	1.32	−1.11	0.93
150	1.68	−0.98	0.57
160	1.99	−0.72	0.26
170	2.18	−0.39	0.07
180	2.25	0	0

对于不同方位角下的等效渗透率，还可通过基于渗透率张量椭圆的坐标旋转获得的解析解进行计算[229]。方位角为 0°的水平裂隙，等效渗透率张量可以表示为：

$$\boldsymbol{k}(0) = \begin{bmatrix} k_x^* & 0 \\ 0 & k_y^* \end{bmatrix} \tag{4-33}$$

式中，k_x^*和k_y^*分别是等效渗透率张量沿x和y方向的分量。

当裂隙方位角为θ时，基于渗透率张量椭圆的坐标旋转，等效渗透率张量可以表示为：

$$\boldsymbol{k}(\theta) = \begin{bmatrix} k_{xx} & k_{xy} \\ k_{yx} & k_{yy} \end{bmatrix}$$
$$= \begin{bmatrix} k_x^* \cos^2\theta + k_y^* \sin^2\theta & (k_x^* - k_y^*)\cos\theta \cdot \sin\theta \\ (k_x^* - k_y^*)\cos\theta \cdot \sin\theta & k_x^* \sin^2\theta + k_y^* \cos^2\theta \end{bmatrix} \tag{4-34}$$

将方位角为 0°时，通过尺度提升计算获得的k_x^*和k_y^*带入到式 (4-34)，可得等效渗透率张量在不同角度下的解析解。

为了验证尺度提升结果的准确性，将运用多边界尺度提升方法获得的等效渗透率张量与解析解进行比较（图 4-4），结果表明，不同分量 k_{xx}、k_{xy} 和 k_{yy} 的尺度提升结果与解析结果拟合度非常好。

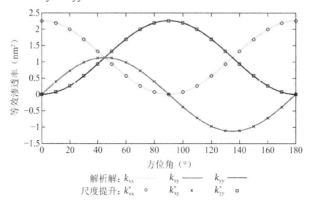

图 4-4　多边界尺度提升方法获得的等效渗透率张量与解析解对比

4.3.2　单一长裂隙

假设二维裂隙介质在 x 和 y 方向边长均为 80m（图 4-5a），存在一条长裂隙，端点分别位于左右边界，裂隙方位角为 30°，裂隙宽度为 3μm，基岩不具有渗透性。二维裂隙介质被划分为一系列粗尺度网格，网格大小为 10m×10m。对于每个粗尺度网格，采用线性边界条件，压力梯度为 1Pa/m，分别运用单边界方法（SFU）和多边界方法（MFU）求取网格等效渗透率。

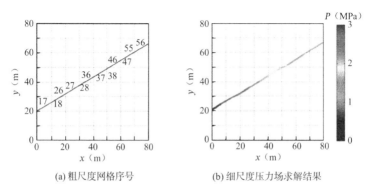

(a) 粗尺度网格序号　　　　(b) 细尺度压力场求解结果

图 4-5　单一长裂隙对应的粗尺度网格和细尺度压力场求解结果

运用单边界（SFU）和多边界（MFU）尺度提升方法获得的等效渗透率如表 4-2 所示。相应的渗透率张量椭圆绘制在图 4-6（a）和图 4-6（c）中。结果显示：使用多边界渗透率尺度提升方法（MFU），对于含有裂隙的粗尺度网格，它们的等效渗透率张量具有对称性且大小相同。对于单边界尺度提升方法（SFU），不同位置的粗尺度网格，等效渗透率张量计算结果有所差异。

单边界（SFU）和多边界（MFU）尺度提升方法
获得的等效渗透率张量对比   表 4-2

粗尺度网格序号	等效渗透率（nm²）									
	k^*_{xx}		k^*_{xy}		k^*_{yx}		k^*_{yy}		$(k^*_{xy}+k^*_{yx})/2$	
	SFU	MFU	SFU	MFU	SFU	MFU	SFU	MFU	SFU	MFU
17	0.17	0.17	0.10	0.10	0.00	0.10	0.00	0.06	0.05	0.10
18	0.00	0.17	0.00	0.10	0.10	0.10	0.06	0.06	0.05	0.10
26	0.17	0.17	0.10	0.10	0.00	0.10	0.00	0.06	0.05	0.10
27	0.17	0.17	0.10	0.10	0.00	0.10	0.00	0.06	0.05	0.10
28	0.00	0.17	0.00	0.10	0.10	0.10	0.06	0.06	0.05	0.10
36	0.17	0.17	0.10	0.10	0.00	0.10	0.00	0.06	0.05	0.10
37	0.17	0.17	0.10	0.10	0.00	0.10	0.00	0.06	0.05	0.10
38	0.00	0.17	0.00	0.10	0.10	0.10	0.06	0.06	0.05	0.10
46	0.17	0.17	0.10	0.10	0.00	0.10	0.00	0.06	0.05	0.10
47	0.17	0.17	0.10	0.10	0.00	0.10	0.00	0.06	0.05	0.10
55	0.17	0.17	0.10	0.10	0.00	0.10	0.00	0.06	0.05	0.10
56	0.17	0.17	0.10	0.10	0.00	0.10	0.00	0.06	0.05	0.10

　　为比较不同尺度提升方法的差异，对于该裂隙介质，分别建立了细尺度离散裂隙模型（DFM）和经尺度提升后的粗尺度等效裂隙模型（EFM）。等效裂隙模型包含两个：基于单边界尺度提升法（SFU）建立和基于多边界尺度提升法（MFU）建立。对于上述三个裂隙介

质模型，运用模拟有限差分法（MFU）求解同一渗流问题，比较求解结果差异。设置模型上下边界为无流动边界条件，左、右边界的压力分别为 3MPa 和 1MPa。

离散裂隙模型的求解结果显示（图 4-5b）：裂隙中压力从左到右呈线性下降，这个结果符合预期。在等效裂隙模型中，压力场也应具有类似的特征。然而，通过对比图 4-6（b）和图 4-6（d）可以发现，与单边界尺度提升方法（SFU）相比，基于多边界渗透率尺度提升方法（MFU）建立的等效裂隙模型（EFM），其压力场（图 4-6d）更接近于离散裂隙模型（DFM）的求解结果，即沿着裂隙延伸方向，水头压力逐渐降低的特点（图 4-5b）。说明了对于该裂隙介质模型，基于多边界尺度提升方法（MFU），能够建立更精确的等效裂隙模型（EFM）。

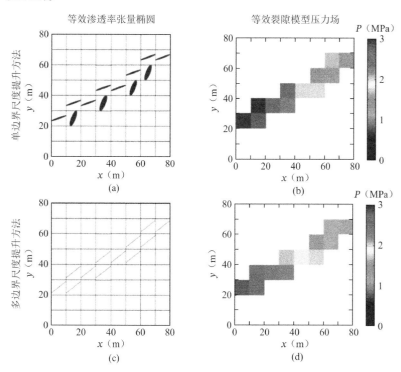

图 4-6　不同尺度提升方法获得的等效渗透率张量椭圆和压力场

4.3.3 二维裂隙网络

本节考虑具有不同裂隙长度和方向的二维裂隙介质模型[231]，并考虑基岩渗透率对尺度提升的影响。该模型在x和y方向长度均为20m（图4-7b），裂隙宽度为3μm。基岩渗透率从0.1nm²增加到1nm²，然后进一步增加到10nm²。粗尺度的网格在x和y方向的长度均为2m（图4-7a），分别运用单边界（SFU）和多边界（MFU）尺度提升方法，获得粗尺度网格的等效渗透率，建立等效裂隙模型（EFM）。

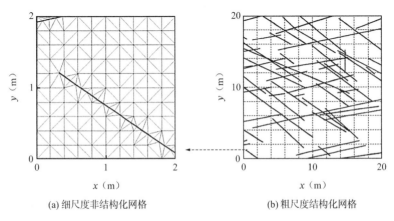

(a) 细尺度非结构化网格   (b) 粗尺度结构化网格

图4-7　不同尺度网格剖分示意图

图4-7（a）显示了尺度提升过程中，粗尺度网格中包含的非结构化细尺度网格，其中裂隙划分为一维网格，基岩划分为二维网格。设置线性边界条件的压力梯度为1Pa/m。尺度提升后获得的粗尺度网格等效渗透率及对应的渗透率张量椭圆如图4-8所示。与单边界尺度提升方法（SFU）相比，运用多边界尺度提升方法（MFU）时，等效渗透率的变化范围更大（图4-8中第1～3列），表明了后者比前者从离散裂隙模型（DFM）中能够获得更多信息。

随着基岩渗透率增加，单边界尺度提升方法（SFU）和多边界尺度提升方法（MFU）之间的差异减小。此外，在基岩渗透率增加过程中，相对于单边界尺度提升方法（SFU），运用多边界尺度提升方法（MFU）获得的等效渗透率椭圆的变化幅度相对较小（图4-8中第 4 列)。

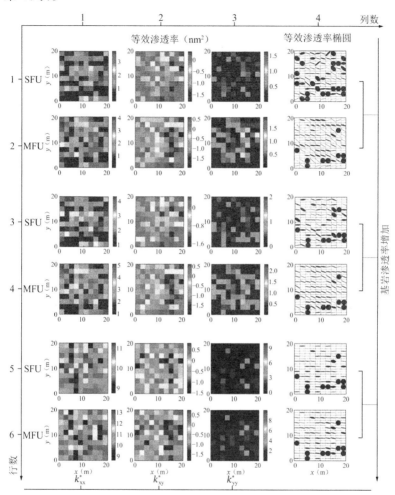

图 4-8 基于单边界尺度提升方法（SFU）和多边界尺度提升方法（MFU）
计算获得的等效渗透率张量（第 1～3 列分别对应 k_{xx}^*、k_{xy}^* 和 k_{yy}^*）
和渗透率张量椭圆（第 4 列）

计算等效渗透率之后，进一步建立了等效裂隙模型（EFM）。假
设整个裂隙介质模型处于线性边界条件下，$P_b = 20\text{Pa}$，分别使用细
尺度的离散裂隙模型（DFM）和粗尺度的等效裂隙模型（EFM）求
解稳态渗流方程，即式(4-15)和式(4-17)。为能够使用全张量形式的

等效渗透率，以上模型运用模拟有限差分法（MFD）进行求解[211]。

根据等效裂隙模型（EFM）和离散裂隙模型（DFM）的求解结果，首先比较了压力场的求解差异（图4-9）。为了便于对比，将离散裂隙模型（DFM）非结构化网格得到的水头压力，在粗尺度网格中进行了平均处理（图4-9中第1列）。等效裂隙模型（EFM）的压力场如图4-9中第2和第3列所示。通过下式计算每个粗尺度网格中水头压力绝对误差，即

$$E_i = \sqrt{\left(p_i^{\text{EFM}} - p_i^{\text{DFM}}\right)^2} \tag{4-35}$$

式中，E_i表示第i个网格中压力的绝对误差。p_i^{EFM}和p_i^{DFM}分别是粗尺度的等效裂隙模型（EFM）在第i个网格上的压力和细尺度的离散裂隙模型（DFM）在第i个网格上的平均压力。

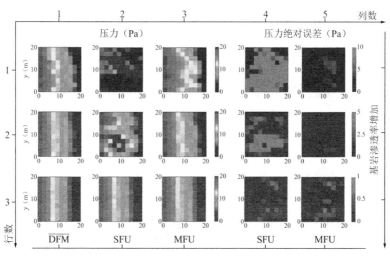

图4-9 离散裂隙模型在粗尺度网格上的平均压力场（第1列）、等效裂隙模型的压力场（第2列：单边界尺度提升方法，第3列：多边界尺度提升方法）及其绝对误差（第4列：单边界尺度提升方法，第5列：多边界尺度提升方法）。第1行到第3行分别表示基岩渗透率$k_{\text{m1}} = 0.1\text{nm}^2$、$k_{\text{m2}} = 1$和$k_{\text{m3}} = 10\text{nm}^2$

图4-9第4、5列显示了单边界尺度提升方法（SFU）和多边界尺度提升方法（MFU）建立的等效裂隙模型（EFM）计算误差。对比两种方法在整个裂隙介质区域内的平均绝对误差，$\overline{E} = \dfrac{1}{100}\displaystyle\sum_{i=1}^{100} E_i$，

结果表明：当基岩渗透率增加时，$\overline{E}$均会减小，且两种方法之间的差异会越来越小。当基岩渗透率较小时，基于多边界尺度提升方法（MFU）的模型误差明显小于单边界尺度提升方法（SFU）的模型误差（图 4-10a）。

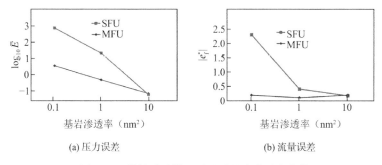

(a) 压力误差　　　　　　　　　　(b) 流量误差

图 4-10　等效裂隙模型误差随基岩渗透率变化

此外，进一步比较等效裂隙模型（EFM）和离散裂隙模型（DFM）计算的沿 x 方向流量差异。等效裂隙模型（EFM）和离散裂隙模型（DFM）之间流量的相对误差绝对值 $|e_{\mathrm{f}}^*|$ 表示为：

$$|e_{\mathrm{f}}^*| = \left| \frac{q_{\mathrm{x}}^{\mathrm{EFM}} - q_{\mathrm{x}}^{\mathrm{DFM}}}{q_{\mathrm{x}}^{\mathrm{DFM}}} \right| \tag{4-36}$$

式中，$q_{\mathrm{x}}^{\mathrm{EFM}}$ 和 $q_{\mathrm{x}}^{\mathrm{DFM}}$ 分别表示基于等效裂隙模型（EFM）和离散裂隙模型（DFM）沿 x 方向的流量。如图 4-10（b）所示，当基岩渗透率增加时，两种尺度提升方法之间的差异逐渐变小。类似于压力绝对误差 $\overline{E}$，基岩渗透率较低时，基于多边界尺度提升方法（MFU）建立的等效裂隙模型（EFM），其流量计算误差明显小于基于单边界尺度提升方法（SFU）建立的等效裂隙模型（EFM）。

基岩渗透率也将影响尺度提升结果。在裂隙渗透率与基岩渗透率之间的渗透率比值 $k_{\mathrm{f}}/k_{\mathrm{m}}$ 从 7.5×10^6 减小到 7.5×10^5，并进一步减小到 7.5×10^4 的过程中，对于较高的渗透率比值，例如 7.5×10^6，等效裂隙模型（EFM）水头压力计算误差较大。这主要由于渗透率场的高度非均质特征：当裂隙和基岩的渗透率比值较高时，将会产生强烈的非均质性，在尺度提升过程中增加误差[238]。还要注意的是：当基岩渗透率增加时，k_{xx}^* 和 k_{yy}^* 显著增加，而 k_{xy}^* 的变化相对较小（见

图 4-8）。这一结果表明：当基岩渗透率增加时，渗透率张量的对角分量和非对角分量之间的变化不一致，基岩渗透性增加过程中，等效渗透率张量的对角分量的变化比非对角分量更大。

4.4 三维裂隙介质尺度提升

本节首先对三维裂隙介质多边界尺度提升方法进行验证，然后对几何形态比较简单的裂隙进行渗透率尺度提升，并比较不同尺度提升方法的计算结果。

4.4.1 方法验证

假设边长为 0.1m 的立方体，包含一条与 y 轴平行的无限长裂隙，裂隙的中心点与立方体的中心点重合，裂隙与 x 轴夹角为 α（图 4-2）。基岩渗透率为 $1 \times 10^{-12} \text{m}^2$，裂隙宽度为 $3 \times 10^{-3} \text{m}$，根据立方定律，裂隙渗透率为 $7.5 \times 10^{-7} \text{m}^2$。

分别采用三种尺度提升方法，即 Oda 法、多边界流量法和体积平均法，计算不同裂隙方位角 α 情况下的等效渗透率。对于 Oda 尺度提升方法，裂隙面是矩形，可根据裂隙几何形状直接按照式(4-4)计算 $\mathrm{d}V^{(\mathrm{f})}$，取 λ 值为 $\frac{1}{12}$，通过式(4-11)计算等效渗透率。对于数值法（多边界流量法和体积平均法），采用线性边界条件，当水力梯度沿 x 轴方向时，左边界和右边界上分别施加定水头值 10m 和 0m，其他四个侧边界的水头从左到右逐渐线性降低（图 4-2）。离散裂隙模型（DFM）使用 Gmsh[239]进行网格划分，裂隙单元由三角形表示，基岩由四面体表示。细尺度上，离散裂隙模型（DFM）渗流方程（式4-15）使用基于有限元法的开源多场耦合数值模拟软件 OpenGeoSys（OGS）[173]进行数值求解。

对于不同夹角 α，使用式(4-34)计算等效渗透率的解析解。当 $\alpha = 0°$ 时，Oda 尺度提升方法和多边界方法计算（MFU）的等效渗透率相同，即 k_{xx}、k_{yy} 和 k_{zz} 分别为 $2.25 \times 10^{-8} \text{m}^2$、$2.25 \times 10^{-8} \text{m}^2$ 和 $0 \times 10^{-8} \text{m}^2$。将 $\alpha = 0°$ 时的等效渗透率分量带入到式(4-34)，可得 α 改

变时，粗尺度网格的等效渗透率张量（图 4-11）。

经尺度提升计算得到的等效渗透率张量具有对称性。由于裂隙始终与 y 轴平行，α 变化时，k_{xy} 和 k_{yz} 始终为零。将不同尺度提升方法获得的等效渗透率与解析解进行比较（图 4-11），结果表明：不同方位角下的尺度提升结果与解析解非常吻合。对于 k_{xx}、k_{xz} 和 k_{zz}，多边界方法（MFU）计算得到的等效渗透率与解析解拟合最好。对于 k_{yy}，解析解是一个常数。然而，尺度提升的结果稍微有所增加。这主要是由于：当裂隙角度变化时，裂隙面与 xz 平面相交线的长度也会变化。当 $\alpha = 0°$ 和 $\alpha = 90°$ 时，相交长度最小，裂隙中的流量较小，等效渗透率也较小。因此，裂隙在 xz 平面上相交长度的增加会导致 k_{yy} 更大，该特点在解析解中却没能显示出来，其主要由于计算过程中仅考虑裂隙方位角 α 这一因素。

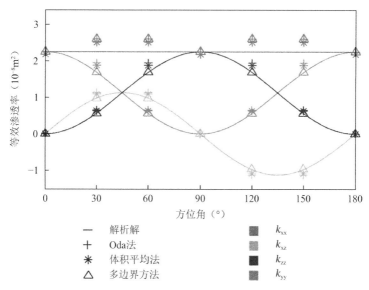

图 4-11　不同尺度提升方法获得的等效渗透率与解析解计算结果比较

4.4.2　简单裂隙形态

天然裂隙介质中，裂隙长度通常存在变化，不一定都是上述"无限长"裂隙。裂隙几何形状的复杂性为准确地计算等效渗透率带来困难。根据裂隙面和基岩立方体的相对大小，区分三种类型的裂隙介质：①无限延伸的裂隙，即完全穿过基岩立方体；②半无限延伸裂隙，即在一个方向上与基岩立方体边界相交，在其他方向上嵌入在立方体中；③嵌入式裂隙，即裂隙边界不与基岩立方体边界相交。此外，还考虑了裂隙平面与y轴不平行的情况，以及一个最简单的裂隙网络：两个对称相交的裂隙（图4-12）。

当$\alpha = 30°$时，图4-12中的离散裂隙模型（1）与第4.4.1节中的模型相同。对于半无限离散裂隙模型（3），在y方向上的裂隙长度减半。对于嵌入式离散裂隙模型（5），在x方向上的裂隙长度也减半。对于非平行于y轴模型（2）、（4）和（6），裂隙平面法向量与x、y和z轴的夹角分别为61°、100°和149°。离散裂隙模型（7）包含两条对称相交的裂隙，α分别为30°和−30°。在非平行于y轴模型（8）、（10）和（12）中，裂隙平面法向量与x、y和z轴的夹角和前面单个裂隙情况相同。

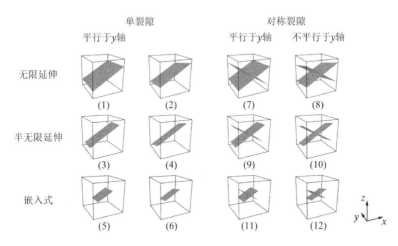

图4-12　简单裂隙形态模型及其序号

上述简单形态裂隙模型中，裂隙宽度、基岩渗透率和立方体尺寸与4.4.1节中模型相同。运用Oda法、多边界流量法和体积平均法分别对图4-12中的裂隙介质模型（1）～（12）进行尺度提升，得到等效渗透率张量（表4-3）。

简单裂隙形态模型尺度提升计算结果　　表 4-3

模型序号	等效渗透率（m²）		
	Oda 法	体积平均法	多边界法
	单裂隙		
1	$\begin{bmatrix} 1.95 & 0.00 & 1.13 \\ 0.00 & 2.60 & 0.00 \\ 1.13 & 0.00 & 1.09 \end{bmatrix} \times 10^{-8}$	$\begin{bmatrix} 1.88 & 0.00 & 1.09 \\ 0.00 & 2.51 & 0.00 \\ 1.09 & 0.00 & 0.63 \end{bmatrix} \times 10^{-8}$	$\begin{bmatrix} 1.69 & 0.00 & 0.97 \\ 0.00 & 2.60 & 0.00 \\ 0.97 & 0.00 & 0.56 \end{bmatrix} \times 10^{-8}$
2	$\begin{bmatrix} 2.02 & 0.22 & 1.10 \\ 0.22 & 2.56 & -0.39 \\ 1.10 & -0.39 & 0.70 \end{bmatrix} \times 10^{-8}$	$\begin{bmatrix} 1.93 & 0.18 & 1.07 \\ 0.18 & 2.55 & -0.38 \\ 1.07 & -0.38 & 0.69 \end{bmatrix} \times 10^{-8}$	$\begin{bmatrix} 3.51 & 0.39 & 1.95 \\ 0.39 & 4.50 & -0.68 \\ 1.95 & -0.68 & 1.26 \end{bmatrix} \times 10^{-8}$
3	$\begin{bmatrix} 0.97 & 0.00 & 0.56 \\ 0.00 & 1.30 & 0.00 \\ 0.56 & 0.00 & 0.32 \end{bmatrix} \times 10^{-8}$	$\begin{bmatrix} 0.96 & 0.00 & 0.55 \\ 0.00 & 0.33 & 0.00 \\ 0.55 & 0.00 & 0.32 \end{bmatrix} \times 10^{-8}$	$\begin{bmatrix} 0.84 & -0.01 & 0.49 \\ -0.01 & 1.13 & 0.00 \\ 0.49 & 0.00 & 0.28 \end{bmatrix} \times 10^{-8}$
4	$\begin{bmatrix} 1.01 & 0.11 & 0.55 \\ 0.11 & 1.28 & -0.20 \\ 0.55 & -0.20 & 0.35 \end{bmatrix} \times 10^{-8}$	$\begin{bmatrix} 0.97 & 0.02 & 0.56 \\ 0.02 & 0.33 & -0.05 \\ 0.56 & -0.05 & 0.33 \end{bmatrix} \times 10^{-8}$	$\begin{bmatrix} 0.83 & 0.00 & 0.48 \\ 0.00 & 1.05 & -0.21 \\ 0.48 & -0.21 & 0.32 \end{bmatrix} \times 10^{-8}$
5	$\begin{bmatrix} 0.49 & 0.00 & 0.28 \\ 0.00 & 0.65 & 0.00 \\ 0.28 & 0.00 & 1.16 \end{bmatrix} \times 10^{-8}$	$\begin{bmatrix} 1.00 & 0.00 & 0.00 \\ 0.00 & 1.00 & 0.00 \\ 0.00 & 0.00 & 1.00 \end{bmatrix} \times 10^{-12}$	$\begin{bmatrix} 1.15 & 0.00 & 0.06 \\ 0.00 & 1.17 & 0.00 \\ 0.06 & 0.00 & 1.03 \end{bmatrix} \times 10^{-12}$
6	$\begin{bmatrix} 0.50 & 0.06 & 0.27 \\ 0.06 & 0.64 & -0.10 \\ 0.27 & -0.10 & 0.17 \end{bmatrix} \times 10^{-8}$	$\begin{bmatrix} 1.00 & 0.00 & 0.00 \\ 0.00 & 1.00 & 0.00 \\ 0.00 & 0.00 & 1.00 \end{bmatrix} \times 10^{-12}$	$\begin{bmatrix} 1.14 & 0.00 & 0.07 \\ 0.00 & 1.16 & -0.03 \\ 0.07 & -0.03 & 1.03 \end{bmatrix} \times 10^{-12}$
	对称裂隙		
7	$\begin{bmatrix} 3.90 & 0.00 & 0.00 \\ 0.00 & 5.20 & 0.00 \\ 0.00 & 0.00 & 1.30 \end{bmatrix} \times 10^{-8}$	$\begin{bmatrix} 3.70 & 0.00 & 0.00 \\ 0.00 & 4.86 & 0.00 \\ 0.00 & 0.00 & 1.28 \end{bmatrix} \times 10^{-8}$	$\begin{bmatrix} 3.37 & 0.00 & 0.00 \\ 0.00 & 5.20 & 0.00 \\ 0.00 & 0.00 & 1.13 \end{bmatrix} \times 10^{-8}$
8	$\begin{bmatrix} 4.03 & 0.00 & 0.00 \\ 0.00 & 5.11 & -0.78 \\ 0.00 & -0.78 & 1.40 \end{bmatrix} \times 10^{-8}$	$\begin{bmatrix} 3.79 & 0.00 & 0.00 \\ 0.00 & 4.78 & -0.71 \\ 0.00 & -0.71 & 1.40 \end{bmatrix} \times 10^{-8}$	$\begin{bmatrix} 7.02 & 0.00 & 0.00 \\ 0.00 & 9.00 & -1.36 \\ 0.00 & -1.36 & 2.53 \end{bmatrix} \times 10^{-8}$
9	$\begin{bmatrix} 1.95 & 0.00 & 0.00 \\ 0.00 & 2.60 & 0.00 \\ 0.00 & 0.00 & 0.65 \end{bmatrix} \times 10^{-8}$	$\begin{bmatrix} 1.90 & 0.00 & 0.00 \\ 0.00 & 0.66 & 0.00 \\ 0.00 & 0.00 & 0.65 \end{bmatrix} \times 10^{-8}$	$\begin{bmatrix} 1.69 & 0.00 & 0.00 \\ 0.00 & 2.70 & 0.00 \\ 0.00 & 0.00 & 0.56 \end{bmatrix} \times 10^{-8}$

模型序号	等效渗透率（m²）		
	Oda 法	体积平均法	多边界法
	对称裂隙		
10	$\begin{bmatrix} 2.02 & 0.00 & 0.00 \\ 0.00 & 2.56 & -0.39 \\ 0.00 & -0.39 & 0.70 \end{bmatrix} \times 10^{-8}$	$\begin{bmatrix} 1.94 & 0.00 & 0.00 \\ 0.00 & 0.66 & -0.10 \\ 0.00 & -0.10 & 0.67 \end{bmatrix} \times 10^{-8}$	$\begin{bmatrix} 1.55 & 0.00 & 0.00 \\ 0.00 & 2.05 & -0.41 \\ 0.00 & -0.41 & 0.59 \end{bmatrix} \times 10^{-8}$
11	$\begin{bmatrix} 0.97 & 0.00 & 0.00 \\ 0.00 & 1.30 & 0.00 \\ 0.00 & 0.00 & 0.32 \end{bmatrix} \times 10^{-8}$	$\begin{bmatrix} 1.00 & 0.00 & 0.00 \\ 0.00 & 1.00 & 0.00 \\ 0.00 & 0.00 & 1.00 \end{bmatrix} \times 10^{-12}$	$\begin{bmatrix} 1.26 & -0.01 & 0.00 \\ -0.01 & 1.24 & 0.00 \\ 0.00 & 0.00 & 1.07 \end{bmatrix} \times 10^{-12}$
12	$\begin{bmatrix} 1.01 & 0.00 & 0.00 \\ 0.00 & 1.28 & -0.20 \\ 0.00 & -0.20 & 0.35 \end{bmatrix} \times 10^{-8}$	$\begin{bmatrix} 1.00 & 0.00 & 0.00 \\ 0.00 & 1.00 & 0.00 \\ 0.00 & 0.00 & 1.00 \end{bmatrix} \times 10^{-12}$	$\begin{bmatrix} 1.26 & 0.00 & -0.01 \\ 0.00 & 1.24 & -0.04 \\ -0.01 & -0.04 & 1.07 \end{bmatrix} \times 10^{-12}$

为直观比较三种尺度提升方法的结果，绘制了不同裂隙几何形态的等效渗透率张量（图 4-13）。三种方法的结果有相似之处：从无限长裂隙到嵌入式裂隙变化过程中，对角线分量k_{xx}、k_{yy}和k_{zz}都会减小。两个相交裂隙的情况下，对角线分量较单个裂隙情要大。对称相交的裂隙，等效渗透率分量k_{xy}和k_{xz}都为零。当裂隙平行于y轴时，k_{yz}为零。

但是，不同尺度提升方法获得的等效渗透率也存在一些差异：在无限和非平行于x轴的情况下，即模型（2）和模型（8），多边界方法得到的值比其他方法要高。在嵌入式裂隙情况下，根据 Oda 尺度提升方法计算得到的等效渗透率分量约为10^{-8}m²，而数值法计算得到的分量约为10^{-12}m²，更接近于基岩渗透率（表 4-3）。尽管根据数值法的计算结果，此时可将 Oda 法中的λ设为10^{-4}，但对于具有不同几何特征的裂隙介质，λ值很难预先确定。可以看出：尽管裂隙尺寸缩小为四分之一，在粗尺度上的等效渗透率却可缩小近 3 个数量级。

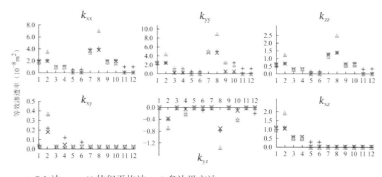

+ Oda法　　× 体积平均法　　▲ 多边界方法

图 4-13　简单裂隙形态模型的等效渗透率变化特征

4.4.3　弯曲裂隙

当裂隙面平行时，其中流体速度分布为抛物线形状[240,241]，当裂隙面粗糙或具有一定弯曲程度时，流体渗流路径将更复杂[242]。以下对具有不同弯曲程度的裂隙进行渗透率尺度提升。该弯曲裂隙由两个对称的裂隙面构成（图 4-14），在此基础上构造一组不同弯曲度（流动路径长度与直线长度之比）的裂隙，弯曲度范围为 1～1.82。

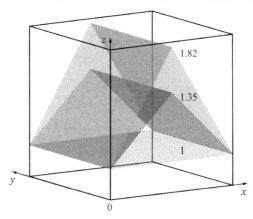

图 4-14　不同弯曲度的裂隙

Oda 尺度提升方法假设裂隙为平面。本模型可以根据两个对称的裂隙面计算等效渗透率，然而，Oda 法却难以刻画两个裂隙面的相对位置不同导致的等效渗透率变化，比如两个裂隙面完全嵌入在基岩立方体中，或者两个裂隙连接并穿过立方体的边界。在此，主要运用数值法进行尺度提升。除了几何形态，裂隙和基岩的其他参数与 4.4.2 节模型相同。

假设弯曲裂隙平行于 y 轴，等效渗透率张量的非对角分量 k_{xy} 和 k_{yz} 都为零。等效渗透率张量的其他分量随裂隙弯曲度变化，如图 4-15 中所示。对于非弯曲的裂隙，即弯曲度等于 1 的情况，基于体积平均方法和多边界方法计算得到的等效渗透率之间的差异很小：k_{xx} 和 k_{yy} 约为 2.2×10^{-8}，k_{zz} 和 k_{xz} 约为零。

当弯曲度增加时，k_{xx} 减小，同时 k_{yy} 和 k_{zz} 都会增加。与体积平均方法相比，运用多边界方法计算获得的等效渗透率变化范围更大。此外，对于体积平均方法，k_{xz} 仍然为零，而对于多边界方法，它会减小到负值，然后保持几乎不变。k_{xz} 小于零表明了当施加沿 x 方向的水力梯度时，存在沿着负 z 轴方向的渗流，这与裂隙在立方体右边界的延伸方向相符。然而，由于裂隙在基岩立方体中具有对称的几何形状，使用体积平均方法时，这种效应难以体现。

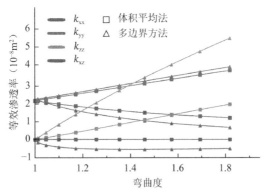

图 4-15　不同弯曲度裂隙的等效渗透率变化特征

由于弯曲度在 $x - z$ 平面上变化，裂隙平行于 y 轴，并且完全穿过前后边界，因此两种方法计算的 k_{yy} 差异很小，而 k_{zz} 差异却很大。多边界方法更类似于达西实验：施加沿 z 方向的线性边界条件时，增加弯曲度会增加通过顶部边界的流量，从而相应地增加 k_{zz}。这表明：

应用于弯曲裂隙或具有复杂几何形态的天然裂隙时，相对于体积平均方法，多边界方法在物理上更加直观，更适用于与实验室测试结果进行对比验证。

4.4.4 讨论

1. 嵌入式裂隙的水力梯度

在简单裂隙几何形态的情况下，Oda 尺度提升方法和数值法之间的主要差异发生在嵌入式裂隙的情况，即模型（5）、（6）、（11）和（12）（图 4-12）。根据第 4.1 和 4.2 节中介绍的尺度提升方法推导过程，可以看出 Oda 尺度提升方法和体积平均方法都使用体积平均的渗流速度计算等效渗透率。不同之处在于前者使用裂隙速度的解析表达式（式4-3），并直接由粗尺度网格上边界条件获得水力梯度（式4-2），而后者则基于渗流方程的数值解，通过离散裂隙模型中细尺度网格的渗流速度和水头，计算体积平均值。

在 Oda 尺度提升方法中，裂隙内速度和水头的表达式基于裂隙无限长的假设[219]。式(4-3)中的 $v_i^{(f)}$ 可以通过 λ 对不同长度的裂隙进行调整。然而，对于不同的裂隙或离散裂隙网络，很难提前给出一个 λ 近似值。例如，通过比较其他方法的结果可知，$\lambda = \frac{1}{12}$ 适用于半无限长的情况，例如模型（3）和模型（9）。当裂隙完全嵌入粗尺度网格时，例如模型（5）和模型（11），λ 值大约为 $\frac{1}{10000}$。

实际上，Oda 尺度提升方法在计算过程中，裂隙中的水力梯度表达式（式4-2）并不适用于嵌入式裂隙的情况。从模型（5）沿着 x 方向线性边界条件下，细尺度上的渗流数值解可以看出：裂隙中的渗流速度要低于周围基岩中的渗流速度（图 4-16）。裂隙中的渗流速度主要由渗透率和水头梯度决定。尽管裂隙渗透率比岩石基岩高出四个数量级，但裂隙内水力梯度却相对均匀分布（图 4-16a），小于周围基岩中的水力梯度，使裂隙中的渗流速度小于周围基岩的渗流速度（图 4-16b）。因此，在嵌入式裂隙情况下，使用 Oda 尺度提升方法的局限性在于：裂隙内的水力梯度不能准确地表示。

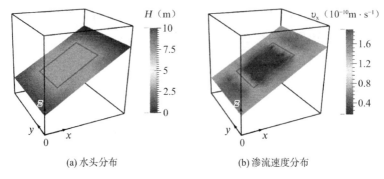

(a) 水头分布　　　　　　　　　(b) 渗流速度分布

图 4-16　嵌入式裂隙（框内区域）所在平面水头和渗流速度

2. 多边界方法的校正参数

对于上述三维裂隙介质模型，多边界方法的计算结果与 Oda 尺度提升方法或体积平均方法基本相近。然而，当存在同时无限且非平行的情况时，图 4-12 中模型（2）和模型（8），多边界方法获得的渗透率分量比其他两种方法增加近一倍。

在多边界尺度提升方法计算过程中，等效渗透率基于式(4-26)计算的流量。模型（1）中，水头沿 x 方向线性递减（图 4-17a），裂隙中的渗流速度垂直于粗尺度网格的右边界，式(4-26)中仅考虑右边界上的流量。然而，模型（2）中，裂隙面不平行于 x 方向（图 4-12），裂隙中的渗流速度与右边界不垂直，式(4-26)同时考虑右边界和后边界上的流量（图 4-17b）。这将导致计算得到的流量增大，从而增加了等效渗透率。

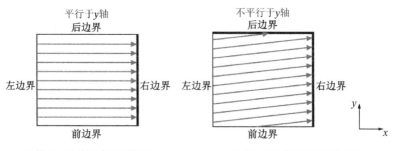

(a) 模型（1）断面渗流速度方向　　　　(b) 模型（2）断面渗流速度方向

图 4-17　简单裂隙形态模型（1）和（2）中断面渗流速度方向

在二维离散裂隙模型中[184]，裂隙可简单地概化为一维线段，基岩可以概化为二维连续平面。裂隙与基岩边界的交汇处将是一个点，裂隙中的渗流跨越不同边界的情况不存在。因此，在三维模型中，当无限长的裂隙面穿过粗尺度网格的不同边界，且裂隙面与坐标轴不平行时，可对该条裂隙的等效渗透率进行校正，校正参数取值区间 0.5～1，考虑到裂隙长度和角度变化，一般可取 0.6～0.8。

4.5　三维随机裂隙尺度提升

本节针对随机生成的三维离散裂隙网络，运用不同方法进行渗透率尺度提升研究。首先，介绍了用于随机生成离散裂隙网络的尺度提升步骤，以及尺度提升效果的评价标准。然后，针对两种不同连通性的离散裂隙网络，比较了 Oda 法、多边界方法和体积平均方法的尺度提升效果。最后，对尺度提升方法及结果进行了讨论和总结。

4.5.1　尺度提升步骤

Oda 尺度提升方法可在裂隙介质建模软件（比如 FracMan）中，通过输入粗尺度网格大小、裂隙几何形态及其渗透率，获得网格等效渗透率。以下主要介绍数值法进行尺度提升的步骤（图 4-18）。第一步：在裂隙建模软件中创建三维离散裂隙网络。离散裂隙可在软件中输入裂隙几何数据或裂隙网络统计数据随机生成，然后将裂隙导出为多边形。第二步：定义等效裂隙模型中粗尺度网格大小，将裂隙划分到不同网格体中。第三步：对于每个粗尺度网格，将其中的裂隙进行网格剖分。运用前处理软件（比如 HyperMesh、Ansys、Maya 等），将裂隙划分为二维网格。第四步：在裂隙面网格剖分的基础上，运用前处理软件（比如 TetGen 等）将网格内基岩划分为三维网格，获得细尺度上的非结构化网格系统。第五步：使用有限元模拟软件 OpenGeoSys[173,243]，对每个粗尺度网格进行渗流模拟。三维模型需要对每个网格进行三次不同水头压力方向的渗流模拟。每次模拟过程中，运用离散裂隙模型（DFM）计算细尺度上的渗流信息。多边界方法使用网格单元边界上的流量信息，体积平均方法使用网格平均水力梯度和平均速度。第六步：将细尺度模拟获得的渗流信息带入到粗尺度的达西定律中，计算网格等效渗透率。

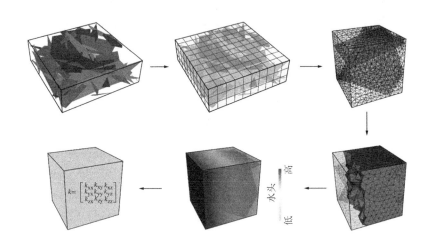

图 4-18　数值法尺度提升步骤

4.5.2　尺度提升效果评价

首先，由于裂隙大小和方向随机生成，裂隙介质的等效渗透率张量具有全张量形式，即等效渗透率椭圆的主轴模型的坐标轴不一定对齐。因此，假设等效渗透率张量具有对称性，对裂隙介质模型中粗尺度网格的等效渗透率张量的 6 个分量，即k_{xx}、k_{yy}、k_{zz}、k_{xy}、k_{xz}和k_{yz}，进行了统计分析。

然后，为评估不同尺度提升方法的效果，可基于尺度提升获得的等效渗透率，构建等效裂隙模型（EFM）。分别运用细尺度上的离散裂隙模型（DFM）和粗尺度上的等效裂隙模型（EFM）求解同一渗流问题。以细尺度模型的解为标准，分析粗尺度模型误差，评价渗透率尺度提升效果。等效裂隙模型的水头误差e_H和流量误差e_q可通过以下公式进行计算：

$$e_{\mathrm{H}} = \frac{1}{N} \sum_{n=1}^{N} \frac{|H_{\mathrm{EFM}}{}^{n} - H_{\mathrm{DFM}}{}^{n}|}{H_{\mathrm{DFM}}{}^{n}} \times 100 \qquad (4\text{-}37)$$

$$e_{\mathrm{q}} = \frac{q_{\mathrm{EFM}} - q_{\mathrm{DFM}}}{q_{\mathrm{DFM}}} \times 100 \qquad (4\text{-}38)$$

式中，$H_{\mathrm{EFM}}{}^{n}$ 表示等效裂隙模型（EFM）中第 n 个粗尺度网格的水头，$H_{\mathrm{DFM}}{}^{n}$ 表示离散裂隙模型（DFM）中第 n 个粗尺度单元内的平均水头，N 表示等效裂隙模型（EFM）中粗尺度网格单元数，q_{EFM} 和 q_{DFM} 分别表示等效裂隙模型（EFM）和离散裂隙模型（DFM）计算的流量。

4.5.3 连通性好的离散裂隙网络

假设裂隙介质模型尺寸为 500m × 500m × 150m（图 4-19），包含 33 条"无限长"的裂隙，即裂隙被模型边界截断。模型中含有三组裂隙。第 1 组，裂隙走向和倾角分别为 240° 和 90°；第 2 组，走向和倾角分别为 300° 和 90°；第 3 组，走向和倾角分别为 180° 和 10°。裂隙宽度假设为 $1.2 \times 10^{-3}\mathrm{m}$，由立方定律计算得到裂隙渗透率为 $1.2 \times 10^{-7}\mathrm{m}^{2[244]}$，基岩渗透率为 $1 \times 10^{-15}\mathrm{m}^2$。

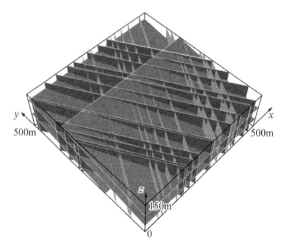

图 4-19　连通性好的离散裂隙网络

分别使用 Oda 尺度提升方法、体积平均方法和多边界方法建立三个等效裂隙模型（EFM）。粗尺度网格尺寸均为 50m × 50m × 50m，粗尺度网格数为 300。不同尺度提升方法获得的等效渗透率的统计分布如图 4-20 所示。为了减小异常数据对统计分布的影响，对于每个等效渗透率分量，分别取第三大值和第三小值作为统计数据的上限和下限，统计间隔数目为 10 个。

结果显示：三种尺度提升方法获得的等效渗透率分布形状和范围相似。对于 k_{xx} 和 k_{yy}，接近正态或对数正态分布，而 k_{zz} 倾向于均匀分布。这主要是由于垂直于 x-y 平面的第 1 组和第 2 组裂隙占绝大部分。多边界方法计算获得的等效渗透率 k_{xx} 和 k_{yy} 略高于其他两种方法。对于多边界方法，k_{xy} 呈现均匀分布，而对于 Oda 尺度提升方法或体积平均方法，k_{xy} 呈现正态或对数正态分布。由于第 1 组和第 2 组裂隙均垂直于 xy 平面，k_{xz} 和 k_{yz} 趋近于 0。综上所述，通过比较等效渗透率直方图，在连通性好的离散裂隙网络中，三种方法之间的区别不大。

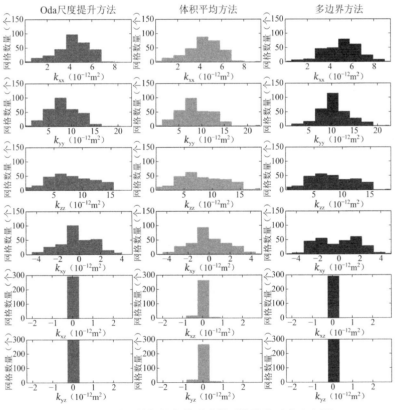

图 4-20　连通性好的离散裂隙模型等效渗透率直方图

基于等效渗透率建立等效裂隙模型（EFM），数值求解稳态渗流问题，并与离散裂隙模型（DFM）的求解结果进行比较，进一步评估不同尺度提升方法的效果。模型边界设置为沿x方向线性边界条件，水头梯度为 1。离散裂隙模型运用 OGS 软件进行求解，等效裂隙模型运用 SHEMAT-Suite-mFD[198,245]求解，获得不同裂隙介质模型的水头和流速求解结果（图 4-21）。

离散裂隙模型中，水头随模型边界条件连续变化，裂隙中沿x方向的流速明显高于基岩中的流速。对于等效裂隙模型，水头和沿x方向的流速都相对连续地变化，反映了离散裂隙网络具有良好的连通性。然而，与离散裂隙模型（DFM）相比，等效裂隙模型（EFM）中v_x小得多。这主要由于渗流通道从细尺度的裂隙宽度变为粗尺度的网格宽度时，需要减小流速以保证流量相等。

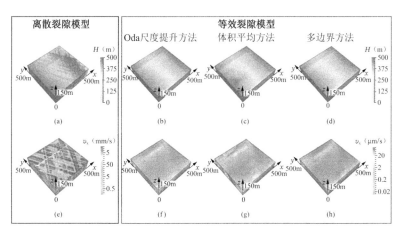

图 4-21　连通性好的裂隙网络，不同模型水头和沿x方向渗流速度分布

比较水头误差e_H和x方向的流量误差e_{q_x}可知（图 4-22）：随着基岩渗透率增加，e_H误差范围在 15%～20%，三种尺度提升方法之间的差异约为 5%。对于e_{q_x}，其绝对值小于 20%，运用多边界方法建立的等效裂隙模型（EFM）误差更低，小于 5%。这主要因为多边界方法计算获得的等效渗透率张量中，对角分量的值略高于其他方法（图 4-20）。

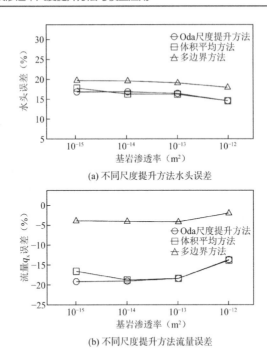

(a) 不同尺度提升方法水头误差

(b) 不同尺度提升方法流量误差

图 4-22　连通性好的裂隙网络中等效裂隙模型误差

4.5.4　连通性差的离散裂隙网络

基于 Soultz-sous-Forêts 增强型地热系统实测的裂隙几何数据[246]，建立随机离散裂隙网络模型。模型中包含两条确定性裂隙、两组随机裂隙（Set E、Set W）和基岩。裂隙网络几何形态的统计参数如表 4-4 所示，为减少细尺度模型网格剖分和计算时的复杂度，裂隙最小长度设为 50m。生成的随机离散裂隙网络如图 4-23 所示。除了裂隙的几何形态外，裂隙宽度或渗透率、基岩渗透率和模型尺寸与第 4.5.3 节中模型相同。由于裂隙分布稀疏且裂隙长短不一，较之于第 4.5.3 节模型，该模型裂隙网络的连通性较差。

<table>
<tr><td colspan="2">裂隙网络几何特征统计参数</td><td>表 4-4</td></tr>
<tr><td></td><td></td><td>Set E</td><td>Set W</td></tr>
<tr><td>角度（°）
Fisher 分布</td><td>倾向</td><td>77</td><td>266</td></tr>
<tr><td></td><td>倾角</td><td>70</td><td>68</td></tr>
</table>

续表

		Set E	Set W
角度（°） Fisher 分布	Fisher 参数	5	5
长度（m） 指数分布	均值	50	50
裂隙密度 （$m^2 \cdot m^{-3}$）	P_{32}	0.008	0.01

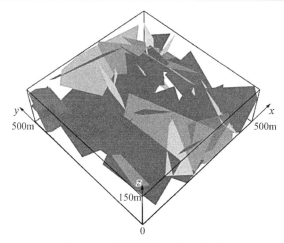

图 4-23　连通性差的离散裂隙网络

尺度提升过程中，等效裂隙模型的粗尺度网格尺寸仍为 50m ×
50m × 50m。与第 4.5.3 节模型不同，该模型中裂隙方向变化范围更
大，意味着当裂隙穿过网格单元时，可能不平行于任何一个坐标轴，
造成多边界方法计算的等效渗透率的估计可能高了一倍（图 4-17）。
因此，采用多边界尺度提升方法计算等效渗透率时，乘以一个 0.7 的
校正参数。

等效渗透率的统计分布如图 4-24 所示。等效渗透率的对角分量
和非对角分量显示出不同的统计形态：前者倾向于遵循幂律分布，
后者倾向于遵循正态分布。与上一节中的模型类似，三种方法的计
算获得的等效渗透率比较接近。与其他两种方法相比，运用多边界
方法计算对角分量（即 k_{xx}、k_{yy} 和 k_{zz}）的值较大。

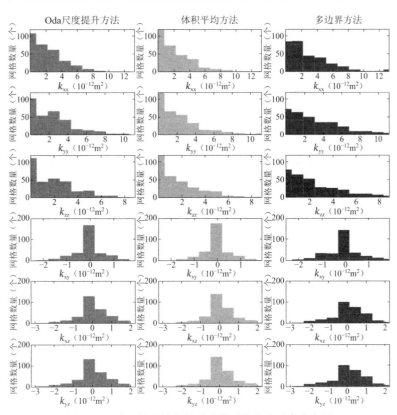

图 4-24　连通性差的离散裂隙模型等效渗透率直方图

在尺度提升结果的基础上，施加沿 y 方向上的线性边界条件，分别求解离散裂隙模型（DFM）和等效裂隙模型（EFM）的稳态渗流过程。在离散裂隙模型中，水头和 y 方向渗流速度的分布都不规则，主要由于裂隙几何形态的影响。对于等效裂隙模型（EFM），水头分布与离散裂隙模型（DFM）相似，y 方向的渗流速度大小能够在一定程度上反映模型中存在的优势渗流通道。另外，等效裂隙模型（EFM）中 y 方向流速低于离散裂隙模型（DFM）。对于多边界方法，y 方向速度高于其他两种方法（图 4-25f～图 4-25h）。

通过增加基岩渗透率，计算了不同等效裂隙模型的水头误差 e_H 和流量误差 e_{qy}（图 4-26）。水头误差 e_H 范围为 50%～90%，流量误差 e_{qy} 的绝对值为 0～50%。无论是水头误差和流量误差，均比之前连通性好的模型大。使用多边界方法计算的 y 方向流量误差e_{qy} 比其他两种方法小。

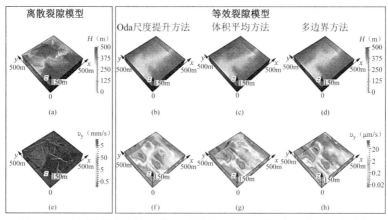

图 4-25　连通性差的裂隙网络，不同模型水头和沿y方向渗流速度分布

当岩石基岩渗透率为 10^{-14}m^2 时，使用多边界方法存在高水头误差。这主要由于等效裂隙模型求解过程中出现了异常解，即有的网格水头超出了边界条件施加的 $0\sim500\text{m}$ 的范围。等效裂隙模型（EFM）均使用模拟有限差分（MFD）方法求解，然而，当使用全渗透率张量时，不能保证求解结果的单调性[245]。当岩石基岩渗透率为 10^{-14}m^2 时，等效渗透率的各向异性程度更高，在这种情况下，求解等效裂隙模型（EFM）更容易出现数值计算误差。

此外，考虑到多边界方法计算的等效渗透率张量并不一定对称，在等效裂隙模型（EFM）求解过程中，还基于 SHEMAT-Suite-mFD 软件，使用非对称渗透率张量。结果显示：水头误差降至合理值范围内，并降低了流量误差，表明因数值计算引起的高误差已经被消除。由于此前的对称的渗透率张量是通过平均非对角分量计算得出，这也表明：对于高度各向异性的等效裂隙模型，即使非对角分量的微小变化也可能导致出现较大的数值误差。综上所述，非对称渗透率张量反映了裂隙几何的复杂性，然而，并不意味着使用非对称渗透率张量就可以保证等效裂隙模型（EFM）数值模拟结果的正确性。数值模拟结果的准确性，除了获得较准确的等效渗透率，还取决于求解渗流方程的数值离散方法选取。

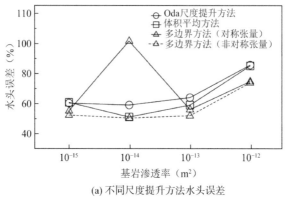

(a) 不同尺度提升方法水头误差

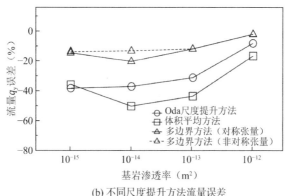

(b) 不同尺度提升方法流量误差

图 4-26　连通性差的裂隙网络中等效裂隙模型误差

4.5.5　讨论

1.裂隙连通性和尺度提升误差

本节分别考虑连通性好和连通性差的离散裂隙网络，进行渗流率尺度提升。两个模型中，裂隙数量较接近，分别为 33 条和 40 条。前者的离散裂隙网格形状更加规则：裂隙长度无限长，同一组裂隙角度一致。模型中无限长的裂隙使离散裂隙网络连通性良好。因此，一条裂隙上的水头或压力变化更容易传导到其他裂隙。由于裂隙之间相互连通，存在大量的流体流动路径。然而，基于 Soultz-sous-Forêts 实测数据产生的裂隙，长短不一，方向不同，离散裂隙网络的连通性主要由几条长裂隙连接，导致了较差的连通性和更少的流体通道。

野外现场测得的等效渗透率很大程度受到裂隙连通性的影响[247]，数值法的尺度提升结果证实了这一发现。对于连通性好的裂隙网络，水头和流量误差范围分别为 10%~20% 和 0~20%。然而，对于连通性较差的裂隙网络，水头和流量误差范围分别为 50%~90% 和 0~50%。反映了裂隙网络的连通性较低时，尺度提升的精度会降低。

2. 基于体积平均的尺度提升方法

Oda 尺度提升方法通过解析式计算等效渗透率，体积平均方法和多边界方法则基于细尺度的裂隙介质模型数值解计算等效渗透率，需要更复杂的网格划分和数值求解过程。然而，通过分析等效渗透率的统计分布形态和等效裂隙模型的误差，可以看出 Oda 尺度提升方法和体积平均方法的结果相近，特别是在连通性好的离散裂隙网络情况下。这主要因为该两种方法在尺度提升过程中都使用了体积平均速度，可称为基于体积平均的尺度提升方法。此外，由于随机离散裂隙网络中裂隙长度（最小长度 50m）通常大于粗尺度网格单元的边长，因此 Oda 尺度提升方法中裂隙无限长的假设成立，减少了解析法和数值法之间的差异。最后，分别运用解析法和数值法获得了相近的结果，验证了数值法计算步骤的准确性，包括细尺度上的网格剖分和渗流模拟。

3. 流量损失

比较粗尺度的等效裂隙模型和细尺度的离散裂隙模型之间的计算的流量，发现前者通常比后者小，表明在尺度提升过程中会有一定的流量损失。在非均质多孔介质尺度提升过程中，这种现象也存在，即经尺度提升后，粗尺度模型的流量总体小于细尺度模型的流量[45]。

值得注意的是，在使用多边界方法进行尺度提升时，计算得到的流量较其他两种方法更大，因此流量误差也更小。这主要是因为在多边界尺度提升过程中，基于流量建立粗尺度和细尺度模型之间的等效关系。Oda 尺度提升方法或体积平均方法在尺度提升过程中，基于体积平均速度建立粗尺度和细尺度之间的等效关系，导致其中一些流量信息在求取体积平均流速过程中被覆盖。这种区别也反映在等效渗透率的统计分布中，相比其他两种方法，多边界方法获得的等效渗透率张量对角线分量往往更高。

4.6　本章小结

本章主要介绍了裂隙介质渗透率尺度提升方法及其在二维裂隙介质、三维裂隙介质以及随机生成的三维离散裂隙网络中的应用，较详细地阐释了解析法和数值法的计算过程，比较了不同尺度提升方法的计算结果，并分析了优缺点。

对于二维裂隙介质，与单边界尺度提升方法相比，通过多边界尺度提升方法计算获得的等效渗透率与解析解高度吻合。当进行单条长裂隙尺度提升时，包含裂隙的粗尺度网格具有相同且对称的等效渗透率：$k_{xx}^{*} = 0.17 \text{nm}^2$，$k_{yy}^{*} = 0.06 \text{nm}^2$，$k_{xy}^{*} = k_{yx}^{*} = 0.1 \text{nm}^2$。对于二维离散裂隙模型，当基岩渗透率从 0.1nm^2 增加到 10nm^2 时，等效渗透率张量的对角分量增加了 400%~600%。相比之下，非对角分量保持在 $-2 \sim 1 \text{nm}^2$ 范围内。此外，与单边界尺度提升方法（SFU）相比，多边界尺度提升方法（MFU）获得的等效渗透率张量对角分量增加约 20%，非对角分量的范围扩大了约 15%。

对于三维裂隙介质，系统地比较了 Oda 尺度提升方法、体积平均方法和多边界尺度提升方法的计算结果。与二维模型类似，对于不同方位角的裂隙，经尺度提升后得到的等效渗透率张量都具有对称性，运用多边界方法获得的结果与解析解的拟合度最好。对于简单裂隙几何模型，当裂隙无限长且角度不平行于任何坐标轴时，多边界方法计算的等效渗透率高于其他方法近 1 倍。当裂隙完全嵌入到粗尺度网格时，Oda 尺度提升方法计算的等效渗透率量级为 10^{-8}m^2，而基于精细尺度数值计算的多边界方法和体积平均方法计算出的等效渗透率量级为 10^{-12}m^2。对于弯曲裂隙，当弯曲度从 1 增加到 1.82 时，多边界方法计算的等效渗透率比体积平均方法的变化范围更大，例如前者得出的 k_{zz} 范围为 $0 \sim 6 \times 10^{-8} \text{m}^2$，而后者计算的

k_{zz} 范围为 $0\sim 2 \times 10^{-8} m^2$。

提出了三维随机离散裂隙模型（DFM）渗透率尺度提升的计算框架。比较了基于 Oda 尺度提升方法、体积平均方法和多边界尺度提升方法获得等效渗透率的统计分布特征，根据细尺度的离散裂隙模型求解结果，评估了不同尺度提升方法建立的等效裂隙模型（EFM）求解精度。

连通性好的裂隙介质，等效渗透率张量的对角分量呈现正态分布或对数正态分布。经尺度提升后建立等效裂隙模型（EFM）的误差较小，水头误差和沿 x 方向的流量误差都小于 20%。三种不同尺度提升方法建立的等效裂隙模型（EFM）的水头差别为 5%。对于沿 x 方向的流量，运用多边界方法时等效裂隙模型（EFM）计算误差更小，约为 5%。

连通性差的裂隙介质，等效渗透率张量的对角分量呈现幂律分布。对于连通性差的裂隙介质，经尺度提升后建立的等效裂隙模型（EFM）水头误差为 50%～90%，沿 x 方向的流量误差为 0～50%。三种不同尺度提升方法建立的等效裂隙模型（EFM），计算的水头差异增加到 10%。对于沿 x 方向的流量，运用多边界尺度提升方法时误差较其他两种方法更小，约为 20%。

第 5 章

提升尺度模型等效渗透率变化特征

运用经尺度提升后的等效裂隙模型（EFM）模拟裂隙介质渗流及其耦合过程时，计算结果的不确定性很大程度上来源于渗透率场的精确刻画[142]。裂隙介质渗透率具有高度非均质性和各向异性特征，并且随着测量尺度的变化而变化[108,248]。通过裂隙介质渗透率尺度提升，可以更好地了解等效裂隙模型（EFM）中等效渗透率变化，减小模型的不确定性[28,166,249]。

基于尺度提升，粗尺度的等效渗透率与细尺度的裂隙几何形态之间的关系已经得到了广泛的研究。De Dreuzy 等[250]建立二维离散裂隙网络（DFN）模型，分析了裂隙长度分布对等效渗透率的影响。Baghbanan 和 Jing[251]建立了裂隙宽度和裂隙长度相关的二维裂隙介质模型，研究了等效渗透率和代表性单元体（REV）随裂隙几何参数的变化。Lang 等[89]基于体积平均法，研究了三维离散裂隙模型（DFM）的等效渗透率。发现裂隙长度服从幂律分布，且裂隙宽度和长度相关时，通过二维剖面计算的等效渗透率比三维模型的计算结果小了近三个数量级。Hardebol 等[252]运用多尺度观测数据建立离散裂隙模型，发现裂隙介质等效渗透率比基岩渗透率高两到三个数量级，并很大程度上受到裂隙连通性的影响。Li 等[253]基于多重分形模型，建立了等效渗透率与裂隙宽度之间的解析表达式。Maillot 等[88]通过建立裂隙长度服从幂律分布的三维离散裂隙网络（DFN），研究了裂隙密度等几何参数对等效渗透率的影响，比较了描述裂隙空间位置分布的泊松模型和运动学模型之间的差异。Hyman 等[254]基于三维离散裂隙网络（DFN），研究了裂隙宽度-长度相关模型对渗流和溶质运移的影响，发现裂隙宽度-长度的相关性对等效渗透率有重要影响。Bisdom 等[55]考虑应力作用，建立了具有不同裂隙宽度分布的离散裂隙模型（DFM），发现基岩渗透率对等效渗透率影响较大。

等效渗透率统计分布是构建随机等效裂隙模型的基础[142]。上述研究大多集中于裂隙几何特征对单一网格的等效渗透率影响研究，然而，对于整个等效裂隙模型，裂隙几何特征对所有网格的总体等效渗透率大小以及统计分布的影响研究得比较少。上一章简单介绍了连通性好和连通性差的两个离散裂隙模型（DFM）中，经尺度提升后的等效渗透率统计分布的差异，但对等效裂隙模型（EFM）中，裂隙几何形状与等效渗透率分布之间的关系认识得还不清楚。本章运用多边界尺度提升方法（MFU），系统地研究二维离散裂隙几何特征对等效裂隙模型（EFM）中网格等效渗透率分布的影响。

5.1　随机离散裂隙模型的建立

裂隙的几何形态主要通过裂隙长度、裂隙角度、裂隙位置和裂隙密度等参数表示。根据实测数据，天然裂隙长度可通过幂律分布描述[48]，其概率密度函数可表示为：

$$n(l) = Al^{-a} \tag{5-1}$$

式中，l 为裂隙长度，A 为常数，a 为幂律指数。由于裂隙长度受到观测尺度和基岩尺度的限制，在幂律分布中应该具有上限 l_{max} 和下限 l_{min}。幂律指数 a 表示裂隙网络长度的分形特征，通常在 1.3 和 3.5 之间变化[255]。

假设二维区域大小为 20m × 20m，裂隙的长度遵循幂律分布（式 5-1），裂隙长度的下限 l_{min} 和上限 l_{max} 分别为 4m 和 40m，幂律指数 a 假设为 2.5。裂隙数量 N 为 50。裂隙角度和裂隙位置服从均匀分布，随机生成。为研究裂隙几何参数的影响，生成具有不同几何参数的离散裂隙模型。裂隙长度的下限 l_{min} 从 4m、6m、8m 增加到 10m。裂隙数量 N 从 50 增加到 75、100 和 125。基于 ADFNE 软件[256]，运用蒙特卡洛方法创建了一共 16 组具有不同裂隙几何参数的裂隙网络[257]（图 5-1）。

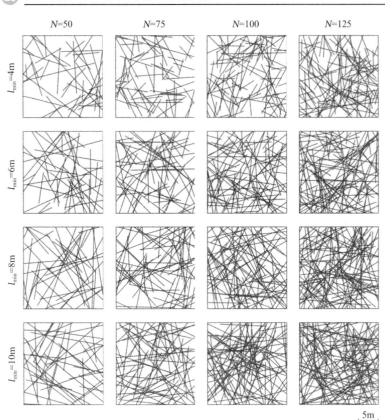

图 5-1 不同裂隙几何参数下生成的离散裂隙网络

天然裂隙宽度范围一般从微米尺度到厘米尺度[48]。首先假设裂隙宽度恒定，大小为 $1.2 \times 10^{-4}\,\mathrm{m}$[250,252]。根据裂隙宽度和立方定律[244]，裂隙渗透率为 $1.2 \times 10^{-9}\,\mathrm{m}^2$。假设基岩渗透率 $k_m = 9.87 \times 10^{-16}\,\mathrm{m}^2$（1md）。对于 $20\mathrm{m} \times 20\mathrm{m}$ 的裂隙介质区域，本模型中裂隙宽度的选取比较合理[37,251,258]。

在天然裂隙介质中，由于岩石应力作用和岩石-流体之间的相互作用，裂隙宽度可能会变化[248]，可通过统计模型[259]、裂隙宽度-长度相关模型[260]和力学模型[104]等进行描述。基于实测数据，裂隙宽度和长度之间存在幂律关系[261]，并从线弹性断裂力学的角度得到验证[262]，该模型可表示为[263]：

$$w = \gamma l^D \tag{5-2}$$

式中，w 表示裂隙宽度，l 表示裂隙长度，γ 是与裂隙介质的力学性质相关的系数，相关指数 D 表示岩石破裂过程中的力学作用（图 5-2）。对于脉状裂隙、断层和剪切变形带，由于产生破裂的应力恒定，裂隙宽度与长度之间的相关性趋向于线性[263,264]，即 $D = 1$。对于具有恒定韧性的裂隙，即抵抗基岩进一步破裂的阻力恒定时[262]，D 约为 0.5。其他次生效应可导致相关指数 D 在 0.5 到 1 之间变化[260]。

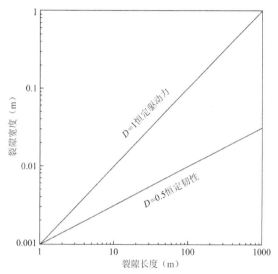

图 5-2　裂隙宽度-长度相关指数的地质意义（Schultz, et al., 2008）

本模型参考相关研究结果[265]，假设 γ 为 1.2×10^{-4}，相关指数 D 变化范围从 0.5 到 1，间隔为 0.1。图 5-1 中的每个模型，都衍生出 6 组具有不同裂隙宽度-长度相关指数（D）的离散裂隙模型[266]（图 5-3）。

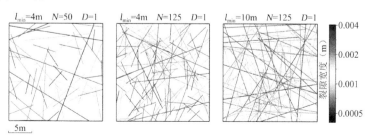

图 5-3　裂隙宽度-长度相关的离散裂隙网络

5.2 离散裂隙模型尺度提升及验证

对于上述离散裂隙模型（DFM），采用多边界方法（MFU）进行尺度提升。首先，将整个裂隙网络划分为粗尺度的结构化网格系统（图 5-4b），粗尺度网格块尺寸l_x和l_y均为 2m，共产生 100 个粗尺度网格。其次，对于每一个包含裂隙和基岩的粗尺度网格，进一步划分为非结构化细尺度网格系统（图 5-4a），基岩由长度为 0.2m 的三角形网格剖分，裂隙由长度为 0.1m 的线性网格剖分。然后，施加压力梯度为 1Pa/m 的线性边界条件（图 5-4c、图 5-4d），数值求解稳态渗流方程。最后，运用求解获得的多边界流量信息，根据达西定律反推每个粗尺度网格的等效渗透率。在尺度提升过程中，运用 MRST 软件对离散裂隙模型（DFM）进行网格剖分和稳态渗流数值求解[210,237]。

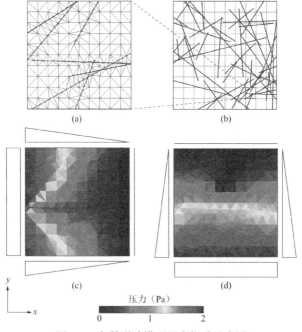

图 5-4　离散裂隙模型尺度提升示意图

　　将多边界尺度提升获得的等效渗透率与解析解进行了对比验证。对于裂隙宽度-长度具有不同相关指数 D 的离散裂隙模型，分别用多边界尺度提升方法（MFU）和解析法计算等效渗透率（图 5-5）。结果显示：虽然裂隙的延伸形态不变（图 5-5a），但由于裂隙宽度-长度相关性不同，导致了裂隙宽度大小及裂隙渗透率的变化，从而使粗尺度网格的等效渗透率 k_{xx} 不同。结果显示：等效渗透率的尺度提升结果和解析解计算结果保持一致（图 5-5b），验证了尺度提升方法的正确性。

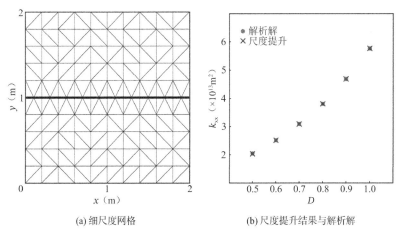

(a) 细尺度网格　　　　　　　　(b) 尺度提升结果与解析解

图 5-5　不同裂隙宽度尺度提升结果验证

5.3　裂隙宽度不变时等效渗透率分布特征

　　图 5-1 所示的离散裂隙模型（DFM），运用多边界尺度提升方法（MFU）获得每个模型的等效渗透率统计分布特征。为了获得一般性结果，在相同裂隙几何参数下，随机生成 10 个离散裂隙模型（DFM）。对于二维模型，等效渗透率张量由四个分量组成，分别是 k_{xx}、k_{xy}、k_{yx} 和 k_{yy}。假设等效渗透率张量具有对称性，即 $k_{xy}=k_{yx}$。以下运用直方图分析等效渗透率的统计分布特征，以及等效渗透率与裂隙几何参数之间的相关性。

5.3.1 等效渗透系数直方图

当裂隙长度$l_{min} = 4m$，裂隙数量$N = 50$时，粗尺度网格的等效渗透率k_{xx}、k_{xy}和k_{yy}的空间分布及相应的直方图如图 5-6 所示。等效渗透率张量的对角分量 k_{xx} 和 k_{yy} 的数量级相近，均小于 $3 \times 10^{-13}m^2$。非对角分量 k_{xy} 的范围为 $-2 \times 10^{-13} \sim 2 \times 10^{-13}m^2$。根据达西定律中渗透率的物理意义，对角分量 k_{xx} 和 k_{yy} 应始终为正值，非对角分量 k_{xy} 可正可负，其主要取决于等效渗透率张量对应的椭圆主轴与模型坐标轴之间的夹角。结果显示：非对角分量 k_{xy} 的绝对值小于 k_{xx} 和 k_{yy} 的绝对值，主要由于等效渗透率张量应为正定矩阵[267]。对于裂隙密度较大且裂隙延伸方向趋于x轴的网格块，k_{xx} 较大。对于k_{yy}，情况也类似。需要注意的是，尽管 k_{xx} 和 k_{yy} 的范围比较接近，但它们的空间分布是不同的（图 5-6），其主要取决于裂隙延伸方向。

运用直方图分析了等效裂隙模型中所有粗尺度网格的等效渗透率统计分布特征（图 5-6）。k_{xx}、k_{yy}和k_{xy}都被平均分成 10 个分布区间。可以看出，k_{xx}、k_{yy}和k_{xy}对应的直方图呈现不同形状。k_{xy}倾向于对称分布，中值约为 $0m^2$。k_{xx}和k_{yy}均大于零，呈现类似幂律分布的形态。使用最小二乘法，分别对不同直方图形状进行了拟合（图 5-6）。

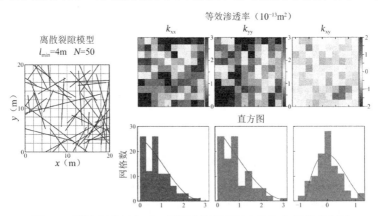

图 5-6　裂隙宽度恒定时，等效渗透率张量空间分布及其直方图

对于所有离散裂隙模型，k_{xx}、k_{yy}和k_{xy}的直方图拟合曲线如图 5-7 所示。可以看出：等效渗透率的统计分布特征随裂隙几何参

数变化而改变。对于裂隙长度 $l_{min} = 4m$、裂隙数目 $N = 50$ 的离散裂隙模型，k_{xx} 和 k_{yy} 的中值小于 $1 \times 10^{-13}m^2$，k_{xy} 分布范围为 $-1 \times 10^{-13} \sim 1 \times 10^{-13}m^2$。通过直方图拟合曲线形状显示，$k_{xx}$ 和 k_{yy} 趋向于幂律分布，这与三维连通性较差的离散裂隙模型的等效渗透率分布形状相似（图 4-24）。主要是因为存在许多粗尺度网格，其中的裂隙数量较少、裂隙较短，导致裂隙未能在网格左右边界或上下边界上连通，等效渗透率主要由基岩决定。

当 l_{min} 或 N 增加时，k_{xx} 和 k_{yy} 的中值逐渐增加，k_{xy} 的范围对称扩展。需要注意的是，在 l_{min} 和 N 增加过程中，k_{xx} 和 k_{yy} 的直方图形状变得趋近于对数正态分布或正态分布，而 k_{xy} 的直方图形状保持为正态分布。在等效裂隙模型（EFM）中，通常假设等效渗透率具有对数正态分布或正态分布[142]，该假设符合野外观测数据分析结果[268]，图 5-7 中基于尺度提升的分析结果也支持这一假设。综上所述，图 5-7 的拟合曲线显示了等效渗透率的直方图形状随裂隙几何的变化关系，从幂律分布转化到对数正态分布的过程，表明裂隙几何参数对等效渗透率的统计分布有重要影响。

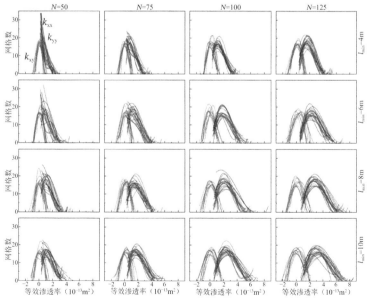

图 5-7　裂隙宽度恒定时，不同裂隙几何参数的等效渗透率张量直方图拟合线

5.3.2 裂隙密度的影响

为进一步分析等效渗透率与裂隙网络几何特征之间的相关性，分别定义等效裂隙模型（EFM）中粗尺度网格无量纲等效渗透率k'、离散裂隙模型（DFM）中无量纲裂隙密度ρ[269]：

$$k' = \frac{k}{k_m} \tag{5-3}$$

$$\rho = \frac{1}{A} \sum_{i=1}^{N} \left(\frac{l_i}{2}\right)^2 \tag{5-4}$$

式中，k表示等效渗透率张量的分量，l_i表示第i条裂隙长度，A表示二维离散裂隙模型的分布面积，为400m²。对于每个离散裂隙模型（DFM），分别计算无量纲裂隙密度ρ，和经尺度提升后的等效裂隙模型（EFM）中，无量纲等效渗透率分量均值$\overline{k'}_{xx}$、$\overline{k'}_{yy}$、$\overline{k'}_{xy}$和标准差$\sigma(k'_{xx})$、$\sigma(k'_{yy})$、$\sigma(k'_{xy})$。图5-8绘制了所有160个离散裂隙模型（DFM）的等效渗透率随裂隙密度变化的特征。

结果显示：等效渗透率张量的对角分量与裂隙密度之间存在较强的相关性，即$\overline{k'}_{xx}$和$\overline{k'}_{yy}$随ρ增加而增加。对于$\overline{k'}_{xx}$和$\overline{k'}_{yy}$的标准差σ也随ρ的增加而增加。$\overline{k'}_{xx}$和$\overline{k'}_{yy}$以及ρ之间的相关关系可以通过下式拟合：

$$\overline{k'}_{diag} = a \cdot \rho + b \tag{5-5}$$

式中，ρ的范围为2～14；$\overline{k'}_{diag}$是表示等效渗透率张量的对角分量（$\overline{k'}_{xx}$或$\overline{k'}_{yy}$），范围为50～350；a表示斜率，约为20；b是常数，约为30。

Leung和Zimmerman[269]研究了单个网格块的等效渗透率，结果显示等效渗透率与裂隙密度呈线性增加的关系。式(5-5)表明：对于整个模型中所有网格的等效渗透率均值，也显示出了类似的相关关系。

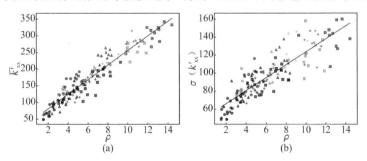

(a)　(b)

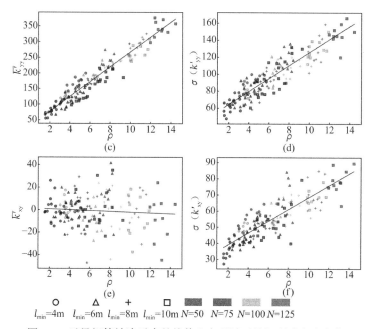

○ △ + □ ▩ ▨ ▧ ▦
$l_{\min}$=4m $l_{\min}$=6m $l_{\min}$=8m $l_{\min}$=10m N=50 N=75 N=100 N=125

图 5-8　无量纲等效渗透率的均值和方差随无量纲裂隙密度变化

对于k_{xy}，当ρ变化时，其均值$\overline{k'}_{xy}$在零附近小幅波动。此外，k_{xy}的大小和分布范围随裂隙长度和密度发生变化（图 5-7）。当ρ增加时，$\overline{k'}_{xy}$和$\sigma(k'_{xy})$的范围也会增加。这主要是因为：具有方位角θ的倾斜裂隙的网格块，k_{xx}或k_{yy}在增加过程中，k_{xy}的绝对值也会增加[229]：

$$\boldsymbol{k}(\theta) = \begin{bmatrix} k_{xx} & k_{xy} \\ k_{yx} & k_{yy} \end{bmatrix}$$
$$= \begin{bmatrix} k_x^* \cos^2 \theta + k_y^* \sin^2 \theta & (k_x^* - k_y^*) \cos \theta \cdot \sin \theta \\ (k_x^* - k_y^*) \cos \theta \cdot \sin \theta & k_x^* \sin^2 \theta + k_y^* \cos^2 \theta \end{bmatrix} \tag{5-6}$$

式中，k_x^*和k_y^*表示裂隙方位角为 0° 时，等效渗透率张量在x和y轴上的分量。

5.3.3　讨论

本节研究结果主要有两方面意义：①等效渗透率张量的直方图

形状随裂隙网络几何参数变化，这将有助于根据不同裂隙几何参数建立等效渗透率分布的概率密度函数，从而建立裂隙介质的随机等效渗透率场；②建立裂隙网络特征与等效渗透率张量之间的联系，即可通过裂隙密度推断等效裂隙模型（EFM）中，网格等效渗透率张量的均值。

本节模型中裂隙密度 P_{21}，即单位面积上的裂隙长度，范围在 $0.79\sim4.03\mathrm{m/m^2}$，符合 Äspö 硬岩实验室测量数据[270]。对于相同裂隙几何参数下随机生成的 10 个离散裂隙模型（DFM），经尺度提升后获得的等效渗透率分布特征相似，并且其直方图随裂隙几何参数有明显的变化，表明随机离散裂隙模型（DFM）的数量满足研究要求。

等效渗透率的空间分布和统计特征同时受到裂隙网络几何形状以及基岩渗透率的影响（例如，当 $l_{\min}=4\mathrm{m}$ 和 $N=50$ 时的离散裂隙模型）。等效渗透率张量的不同分量具有不同的空间分布和统计分布特征，反映了裂隙介质中等效渗透率的非均质和高度各向异性特征。在天然裂隙介质数值模拟时，有必要考虑等效渗透率的全张量形式，而不是简单地使用标量或对角型张量。

基于露头数据建立的二维裂隙介质模型中[37,55,104]，通常假设裂隙纵向垂直延伸。当裂隙密度较高时，可以根据二维结果进行适当的修正，估算三维等效渗透率[89]。然而，当裂隙角度变化时，从二维模型到三维模型过程中，裂隙的连通性和等效渗透率可能发生变化[271]。在二维裂隙介质基础上分析获得的结果并不能简单地拓展到三维，需要结合当地构造地质背景和裂隙几何特征等情况进行具体讨论。

5.4 裂隙宽度-长度相关时等效渗透率分布特征

5.4.1 等效渗透率直方图

本节基于图 5-1 中不同裂隙长度和裂隙数量的 16 个离散裂隙

模型（DFM），进一步研究了不同裂隙宽度-长度的相关模型对等效渗透率直方图的影响。裂隙宽度-长度相关指数D的取值范围为 0.5～1，间隔为 0.1，表示基岩破裂过程中的力学状态从恒定韧性（$D=0.5$）变为恒定驱动力（$D=1$）的过程，并考虑了其他次生效应（$0.5 < D < 1$），共产生 96 个具有不同裂隙几何参数（包括裂隙宽度）的离散裂隙模型（DFM）。为了获得一般性结果，同一几何参数下，随机生成 10 个离散裂隙模型（DFM），因此总共生成了 960 个离散裂隙模型（DFM），用于等效渗透率统计分布特征研究。

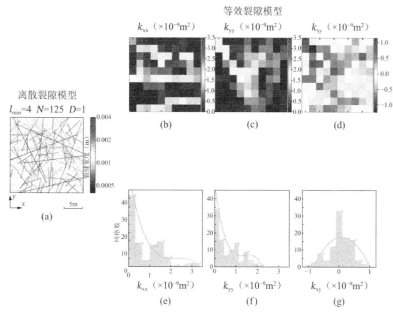

图 5-9　裂隙宽度-长度相关时，等效渗透率张量空间分布及其直方图

图 5-9（a）展示了当$l_{min}=4$、$N=125$、$D=1$时，建立的离散裂隙模型（DFM），以及运用多边界尺度提升方法（MFU）在此基础上建立的等效裂隙模型（EFM）。模型中粗尺度网格大小等参数与上一节中恒定裂隙宽度的模型相同。图 5-9（b）、图 5-9（c）和图 5-9（d）分别绘制了等效渗透率张量的分量k_{xx}、k_{yy}和k_{xy}的空间分布。粗尺度网格的等效渗透率的变化范围为 $9.87 \times 10^{-16} \mathrm{m}^2$（基岩渗透

率）到 $3.5 \times 10^{-9} m^2$。当网格中有较长裂隙时，对角分量k_{xx}或k_{yy}通常比较大，但由于裂隙导致的各向异性，网格中k_{xx}较大并不意味着k_{yy}也较大。由于裂隙方向基于均匀分布随机生成，没有优势方向，图 5-9（d）中非对角分量k_{xy}可以是正值或负值。k_{xy}的绝对值较大的网格中，k_{xx}或k_{yy}也通常较大。

为研究等效渗透率张量的统计分布，分别绘制等效裂隙模型（EFM）中k_{xx}、k_{yy}和k_{xy}的直方图，并绘制了拟合曲线，如图 5-9（e）、图 5-9（f）和图 5-9（g）所示。结果显示：k_{xx}和k_{yy}都呈现出类似于幂律分布的形态，而k_{xy}呈现出正态分布的形态，这与裂隙宽度恒定时的离散裂隙模型（DFM）尺度提升结果类似（图 5-6）。

对于具有不同几何参数的离散裂隙模型（DFM），分别绘制k_{xx}、k_{yy}和k_{xy}的直方图及其拟合曲线，如图 5-10 所示。每条曲线表示在相同裂隙几何参数下，10 个随机生成的模型拟合结果。$D = 0.5$ 时，k_{xx}和k_{yy}直方图相似，趋于幂律分布，k_{xy}呈现正态分布。随着l_{min}和N增加，k_{xx}和k_{yy}从幂律分布形状逐渐转变为对数正态分布形状[272]，再到正态分布形状。等效渗透率统计分布形状的变化主要受到裂隙网络连通性的影响[273]。随k_{xx}和k_{yy}的增加，k_{xy}的分布范围也逐渐扩展。为评估图 5-10 中等效渗透率直方图分布曲线的拟合程度，计算了斯皮尔曼等级相关系数。k_{xx}和k_{yy}的相关系数相似，平均值约为-0.75，表示较强的负相关性。对于k_{xy}，系数小于-0.04，表明几乎没有相关性。这是因为裂隙方向均匀分布，非对角线分量k_{xy}对称地分布在零附近。

随着相关指数D增加，等效渗透率张量的分量也增加，主要由于较长、较宽的裂隙对粗尺度网格等效渗透率有直接影响[251]。然而，随着l_{min}和N增加，不同相关指数D的直方图拟合曲线变化规律有所不同。与相关指数较小时（$D = 0.5$）相比，相关指数较高时（$D = 1$），在l_{min}和N较大的情况下，并没有显示正态分布形状，而呈现出从幂律分布逐渐转变为正态分布过程中的过渡形状。这种差异主要是由于较高的相关指数D增加了离散裂隙模型（DFM）的非均质性。如果l_{min}和N进一步增加（比如$l_{min} = 20$，$N = 200$），推测对角线分量可能会趋向于对数正态分布或正态分布。

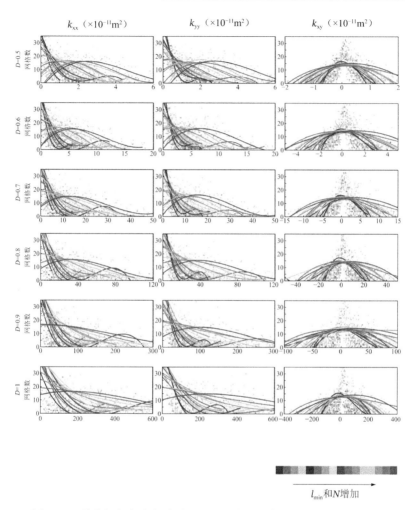

图 5-10　裂隙宽度-长度相关时，不同裂隙几何参数的等效渗透率张量
直方图拟合线

5.4.2　裂隙宽度-长度相关系数的影响

对于相同的裂隙宽度-长度相关指数D，计算了不同裂隙长度和裂隙数量下的总共 160 个离散裂隙模型（DFM）的平均无量纲渗透率$\overline{k'}$。图 5-11 显示了经尺度提升后，等效裂隙模型（EFM）平均无量纲渗透率$\overline{k'}$与裂隙宽度-长度相关指数D的关系。

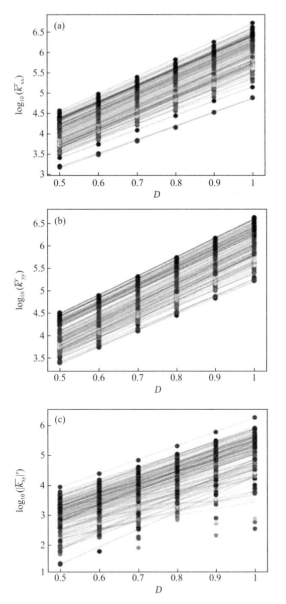

图 5-11 平均无量纲等效渗透率张量随裂隙宽度-长度相关指数D的变化特征

图 5-11（a）和图 5-11（b）显示，对于等效渗透率张量的对角分量，$\log_{10}(\overline{k}'_{xx})$和$\log_{10}(\overline{k}'_{yy})$随相关指数$D$呈线性增长。等效渗透率张

量的分量与裂隙宽度-长度相关指数之间可通过以下指数关系表示：

$$\overline{k'} = A \cdot 10^{B \cdot D} \tag{5-7}$$

式中，无量纲系数A变化范围为$10^{1.4} \sim 10^{2.4}$，B变化范围为$3.4 \sim 4.3$。对于非对角线分量k_{xy}，由于存在负值，使用绝对值$|k_{xy}|$分析其与裂隙宽度-长度相关指数D之间的关系（图 5-11c），发现也可以通过式(5-7)表示。表明式(5-7)的指数模型可以描述平均无量纲渗透率$\overline{k'}$与裂隙宽度-长度相关指数D之间的关系。结果表明：除了单一粗尺度网格的等效渗透率[55]，裂隙宽度-长度相关模型还对等效裂隙模型（RFM）中粗尺度网格总体等效渗透率有重要影响。

5.4.3 裂隙密度的影响

本节对等效渗透率与裂隙密度的相关性进行定量分析。对于所有离散裂隙模型（DFM），通过式(5-4)分别计算其无量纲裂隙密度ρ。

图 5-12 中绘制了不同裂隙宽度-长度相关指数下，$\log_{10}(\overline{k'})$随$\log_{10}(\rho)$变化的关系。结果表明：对于等效渗透率张量的对角分量，k_{xx}和k_{yy}，当裂隙长度-宽度相关指数D一定时，$\log_{10}(\overline{k'})$随$\log_{10}(\rho)$增加呈线性增长趋势（图 5-12a、图 5-12b），等效渗透率和裂隙密度可用以下幂律关系进行拟合：

$$\overline{k'} = \beta \cdot \rho^C \tag{5-8}$$

式中，β和C是无量纲系数，β取值范围为$10^3 \sim 10^5$，C取值范围为$1.1 \sim 1.3$。而对于非对角线分量（图 5-12c），类似于图 5-11（c），拟合度相对较差。

从图 5-12 可以看出，当相关指数D增加时，平均无量纲等效渗透率在拟合线周围的分布范围扩大。这主要因为当裂隙宽度-长度相关指数D较高时，将会导致不同网格之间等效渗透率差异增大，从而进一步表明相关指数增加将导致等效裂隙渗透率场的非均质性增强。D降低时，C趋近 1，意味着$\overline{k'}$和ρ之间呈线性关系，这与上一节裂隙宽度为常数时（式5-5，$D = 0$）的结果，以及 Leung 和 Zimmerman[269]的结果较一致。此外，当相关指数D增加时，β和C也增加（图 5-13），因此，对于不同裂隙宽度-长度相关模型，式(5-8)

中无量纲系数β和C的取值应有所不同。结果也表明了等效裂隙模型（EFM）中等效渗透率的变化是裂隙长度、裂隙数量和裂隙宽度-长度相关模型等因素综合作用的结果。

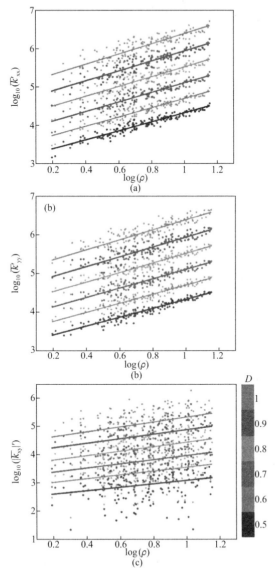

图5-12 平均无量纲等效渗透率随无量纲裂隙密度变化的关系

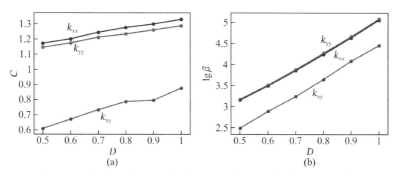

图 5-13　无量纲系数 C 和 β 随裂隙宽度-长度相关指数 D 的变化特征

5.4.4　讨论

通过尺度提升获得的网格等效渗透率张量，可进一步绘制为椭圆。基于渗透率张量椭圆的形态，对等效渗透率的优势方向进行分析[89]。等效裂隙模型中，粗尺度网格中等效渗透率椭圆如图 5-14 所示。渗透率张量椭圆经过了归一化处理，椭圆形状仅表示等效渗透率的方向和各向异性特征，不能表示不同网格块之间等效渗透率的大小差异。结果显示：当裂隙其他几何特征相同时，随着裂隙宽度-长度相关指数 D 从 0.5 变化到 1，网格块中椭圆的长轴 $k_{\max}$ 与短轴 $k_{\min}$ 的比值将会增加，表明等效渗透率的各向异性程度增加。

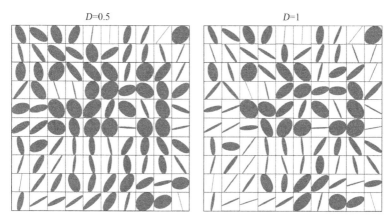

图 5-14　不同裂隙宽度-长度相关指数的等效渗透率张量椭圆

与裂隙宽度恒定的模型相比，裂隙长度-宽度的相关模型使离散裂隙模型（DFM）和经尺度提升的等效裂隙模型（EFM）的非均质性进一步提高[251]。以往研究主要集中于裂隙几何特征对单一网格块的等效渗透率的影响[55]，本节研究了裂隙宽度-长度相关模型对等效裂隙模型（EFM）中所有网格等效渗透率分布的影响，从而将细尺度上的离散裂隙模型（DFM）与工程尺度上的等效渗透率联系起来。此外，裂隙的形成、裂隙宽度大小还与基岩力学参数和应力场等因素有关[104,107]。因此，进一步研究有必要考虑到岩石应力状态，研究其他裂隙宽度模型对等效渗透率分布特征的影响。此外，有必要根据实测数据，将二维模型拓展到三维模型，探究等效渗透率随裂隙几何特征的变化特征。

5.5 本章小结

本章针对二维裂隙介质，分析了细尺度上裂隙几何特征对粗尺度上等效渗透率分布的影响。假设模型区域大小为 $20m \times 20m$，裂隙长度遵循幂律分布，裂隙最小长度 l_{min} 变化为 4m、6m、8m 和 10m，裂隙数量 N 变化为 50、75、100 和 125，假设裂隙宽度恒定，建立 16 组不同几何参数的离散裂隙模型（DFM），相同裂隙几何参数下随机生成 10 个模型。通过使用多边界尺度提升方法（MFU），建立相应的等效裂隙模型（EFM），粗尺度网格大小为 $2m \times 2m$，获得所有粗尺度网格的等效渗透率。

结果显示：等效裂隙模型（EFM）中，等效渗透率的空间分布和直方图取决于裂隙几何形态和基岩渗透率。等效渗透率张量的分量 k_{xx}、k_{yy} 和 k_{xy} 空间分布、直方图形状各不相同。当裂隙较短或分布比较稀疏时，对角分量 k_{xx} 和 k_{yy} 趋于幂律分布；非对角分量 k_{xy} 趋于正态分布，均值为 0。当裂隙长度 l_{min} 和裂隙数量 N 增加时，对角分量的分布形状变为对数正态分布或正态分布，并且数值范围扩大。平均无量纲等效渗透率 $\overline{k'}$ 的对角分量随无量纲裂隙密度 ρ 呈线性增加趋势，其标准差也随裂隙密度增加而增加。然而，非对角分量 k_{xy} 保持为正态分布形状，均值保持为 0，但其标准差增加。

　　在上述模型基础上，建立裂隙宽度-长度相关模型，进一步研究了裂隙几何特征对等效渗透率的影响，获得以下结论：当裂隙宽度-长度相关指数 $D = 0.5$ 时，随着裂隙长度 $l_{\min}$ 和裂隙数量 N 增加，等效渗透率张量的对角分量从幂律分布形状，变为对数正态分布形状，再到正态分布形状。随相关指数 D 增加，k_{xx} 和 k_{yy} 从幂律分布变为正态分布的过程变缓，主要由于 D 的增加导致裂隙介质非均质性增强。由于假设裂隙方向均匀分布，k_{xy} 的直方图形状保持为正态分布，其均值为 0。平均无量纲等效渗透率 $\overline{k'}$ 与相关指数 D 之间遵循指数关系。平均无量纲等效渗透率 $\overline{k'}$ 与无量纲裂隙密度 ρ 之间遵循幂律关系，幂律关系中的系数与相关指数 D 有关，并随 D 的增加而增加。结果表明：裂隙介质的等效渗透率变化是裂隙长度、裂隙数量和裂隙宽度-长度相关模型变化的综合作用结果。

第6章

尺度提升后等效裂隙模型变化特征

本章在离散裂隙模型（DFM）的基础上，运用多边界尺度提升方法（MFU）建立等效裂隙模型（EFM），探究裂隙几何特征对等效裂隙模型（EFM）非均质性和计算精度的影响，分析等效裂隙模型（EFM）的不同数值求解方法的影响，以及等效裂隙模型（EFM）在地热开采模拟过程中的应用。

6.1 裂隙几何特征对等效裂隙模型的影响

许多研究从不同角度比较了粗尺度的等效裂隙模型（EFM）与细尺度的离散裂隙模型（DFM）之间的差异[157]。Leung 等[274]基于二维离散裂隙网络（DFN）渗流模拟，发现即使粗尺度网格小于代表性单元体（REV），等效裂隙模型（EFM）也会产生与离散裂隙网络模型（DFNM）相近的流量计算结果。Hadgu 等[275]考虑地质处置库中溶质运移问题，比较了离散裂隙模型（DFM）和等效裂隙模型（EFM）的差别，分析了不同模型方法选取时应考虑的主要因素。Elfeel 和 Geiger[166]分析了基于不同尺度提升方法建立的等效裂隙模型（EFM）计算精度。然而，细尺度的裂隙几何形状对等效裂隙模型（EFM）计算精度的影响研究还比较少。

本节基于考虑不同裂隙几何特征建立离散裂隙模型（DFM），运用多边界尺度提升方法（MFU）建立等效裂隙模型（EFM）。分析了等效裂隙模型（EFM）的非均质性，并比较了等效裂隙模型（EFM）和离散裂隙模型（DFM）计算流量的差异（图6-1），从而探究等效裂隙模型（EFM）的非均质性和计算精度随裂隙几何参数的变化规律。

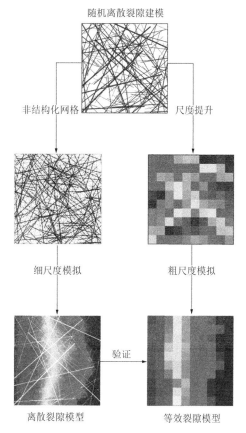

图 6-1　等效裂隙模型非均质性与模型精度分析流程图

6.1.1　随机离散裂隙模型及尺度提升

假设二维裂隙介质模型区域大小为 20m×20m，包含基岩和裂隙。裂隙长度服从幂律分布（式 5-1），裂隙长度上限 l_{max} 为 40m，下限 l_{min} 从 4m 增加到 8m、12m 和 16m，a 为 2.5。裂隙数量 N 从 50增加到 100、150 和 200。考虑三种不同的裂隙宽度-长度相关模型（式 5-2）：$D=0$（恒定宽度）、$D=0.5$（恒定破裂韧性）和 $D=1$（恒定破裂应力），且 γ 为 $1.2×10^{-4}$。假设裂隙方向和位置服从均匀分布。运用蒙特卡罗方法[51,256,276]，如图 6-2 所示，共产生 48 组具有不同几何特征（l_{min}、N、D）的离散裂隙模型（DFM）[277]。

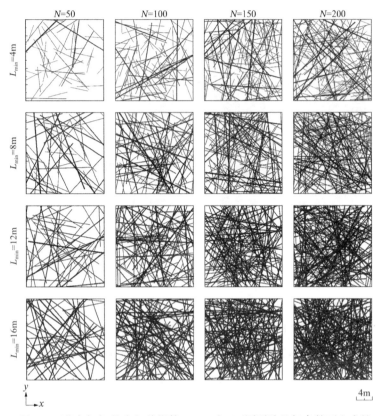

图 6-2 裂隙宽度-长度相关指数 $D = 1$ 时，不同裂隙几何参数下生成的
离散裂隙模型

对于等效裂隙模型（EFM），运用多边界尺度提升方法（MFU）
获得等效渗透率。粗尺度网格尺寸设置为 $2m \times 2m$（图 6-3），每个
等效裂隙模型（EFM）包含 100 个粗尺度网格。对于每个网格块，
首先施加沿 x 轴的线性边界条件，压力梯度为 1Pa/m（图 6-3）。然后
求解粗尺度网格的稳态渗流问题，计算裂隙和基岩的流量 q_x 和 q_y。
最后通过达西定律反推等效渗透率分量 k_{xx} 和 k_{yx}。类似地，通过施加
沿 y 轴的线性边界条件，重复上述流程，获得其他分量 k_{xy} 和 k_{yy}。由
于裂隙几何特征复杂，计算得到的等效渗透率张量可能不对称[278]。
通过求取非对角分量的平均值，获得对称的渗透率张量，用于后续
等效裂隙模型（EFM）的数值求解。

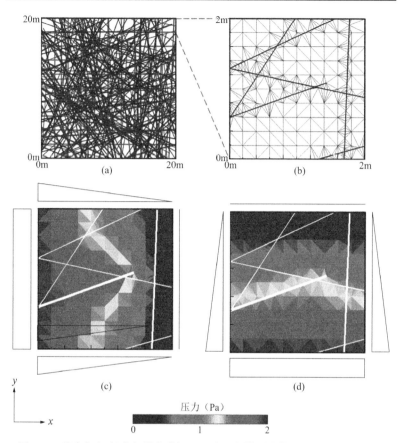

图 6-3　裂隙宽度-长度相关指数 $D = 1$ 时，离散裂隙模型尺度提升示意图

6.1.2　等效渗透率的各向异性与非均质性

为获得一般性结果，在建模过程中，相同裂隙几何参数下生成 10 个随机模型。分别对每个离散裂隙模型（DFM），运用多边界尺度提升方法（MFU），构建等效裂隙模型（EFM）。考虑到等效渗透率张量中，对角分量比非对角分量对渗流的过程影响更大，以下主要分析 k_{xx} 和 k_{yy} 的非均质性。

等效渗透率 k_{xx} 的尺度提升结果如图 6-4 所示，k_{xx} 比较大的网格与图 6-2 中较长、沿 x 轴方向延伸的裂隙位置对应（例如 $l_{min} = 4$，$N = 40$），表明等效裂隙模型（EFM）和离散裂隙模型

（DFM）中优势渗流通道分布位置对应。随着裂隙长度l_{min}和裂隙数量N增加，每个粗尺度网格中包含裂隙的数量将增加，等效渗透率分量k_{xx}变大，并在空间上趋近均匀分布（例如$l_{min} = 16$，$N = 200$）。

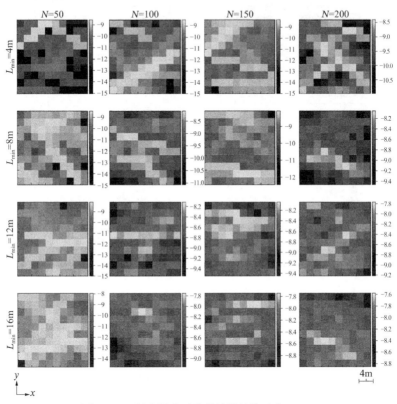

图6-4　经尺度提升后获得的等效渗透率$\log k_{xx}$

当裂隙几何参数相同时，对于随机生成的10个模型，它们的网格平均等效渗透率$\overline{k}_{xx}$和$\overline{k}_{yy}$如图6-5所示。当裂隙宽度不变（$D = 0$）时，平均等效渗透率$\overline{k}$的范围为$5.6 \times 10^{-14} \sim 2.2 \times 10^{-13}\text{m}^2$。当裂隙宽度-长度关系为亚线性（$D = 0.5$）时，平均等效渗透率增加，范围为$5.1 \times 10^{-12} \sim 2.9 \times 10^{-11}\text{m}^2$。当裂隙宽度-长度关系为线性（$D = 1$）时，平均等效渗透率介于$6.1 \times 10^{-10} \sim 4.5 \times 10^{-9}$。由于裂隙方向为均匀分布，$k_{xx}$和$k_{yy}$范围相近。

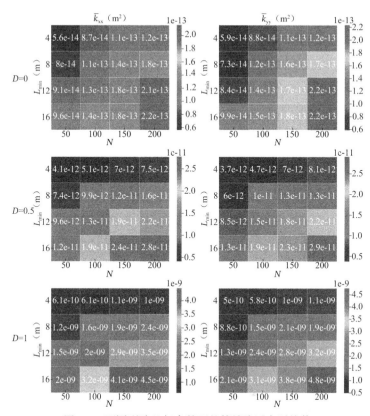

图 6-5　不同裂隙几何参数下的等效渗透率平均值

以上结果表明：随着裂隙长度l_{min}、裂隙数量N和裂隙宽度-长度相关指数D的增加，平均等效渗透率呈增加趋势。此外，基于$\overline{k}_{xx}$和$\overline{k}_{yy}$，计算了不同裂隙长度和数量下平均等效渗透率最大值和最小值之间的差异（$\overline{k}_{max}/\overline{k}_{min}$），发现随着相关指数$D$增加，$\overline{k}_{max}/\overline{k}_{min}$从 3.9 扩展到 7.4，表明裂隙宽度-长度相关性越高，等效渗透率的各向异性作用越明显。

模型非均质性对尺度提升效果影响较大[279,280]。通过下式对等效裂隙模型（EFM）的非均质性进行量化[281]：

$$H_k = \frac{L\sigma_k}{\overline{l}k} \tag{6-1}$$

式中，H_k表示模型非均质参数，$\overline{k}$和σ_k分别表示等效渗透率分量的平均值和标准差。$\frac{L}{l}$表示尺度提升的比率，本模型裂隙介质区域边长$L = 20\text{m}$，等效裂隙模型的粗尺度网格边长$l = 2\text{m}$。当$H_k > 1$时，表明非均质性强；当$H_k < 1$时，表明非均质性弱。

图 6-6 显示了不同裂隙几何特征下，10 个随机等效裂隙模型中k_{xx}和k_{yy}对应的非均质参数H_k的平均值。所有模型的非均质参数H_k都大于 1，表明尺度提升后的等效裂隙模型依然具有强烈的非均质性。如果裂隙宽度保持不变，即$D = 0$，则非均质参数H_k的范围为$3.3\sim8.9$。当裂隙宽度-长度关系为亚线性，即$D = 0.5$时，非均质参数H_k的范围为$3.5\sim12$。当裂隙宽度-长度关系为线性，即$D = 1$时，非均质参数H_k的范围为$3.9\sim17$。表明非均质参数随裂隙长度$l_{\min}$和裂隙数量N的增加呈下降趋势，随裂隙宽度-长度的相关指数的增加呈上升趋势。

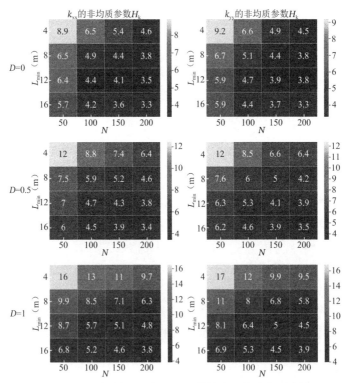

图 6-6 不同裂隙几何特征下的等效渗透率非均质参数

此外，随着裂隙几何形状的变化，裂隙宽度-长度相关性对模型的非均质性有不同程度的影响。当 l_{min} 和 N 较大时，例如 $l_{min} = 16m$，$N = 200$，随着裂隙宽度-长度相关指数从 0 增长到 1，非均质参数 H_k 从 3.3 到 3.9。然而，当 $l_{min} = 4m$，$N = 50$ 时，非均质参数 H_k 从 8.9 增加到 17。表明了当裂隙长度较短且比较稀疏时，裂隙宽度-长度关系对等效裂隙模型（EFM）的非均质性影响程度更大。总体而言，裂隙长度较小、密度较低、裂隙宽度-长度相关性较高时，将会导致等效裂隙模型非均质性增加。

6.1.3　细尺度与粗尺度模型流量计算结果

为评价等效裂隙模型（EFM）计算精度及其随裂隙几何特征的变化，分别建立细尺度的离散裂隙模型（DFM）和粗尺度的等效裂隙模型（EFM），求解稳态渗流方程[282]。离散裂隙模型（DFM）运用基于多点流量逼近（MPFA）的有限体积法[237]进行求解。基岩用长度为 0.2m 的三角形网格剖分，裂隙用 0.05m 的一维线性网格剖分。根据裂隙宽度和立方定律，计算裂隙渗透率。假设基岩渗透率为 1md，对于等效裂隙模型（EFM），经尺度提升后的渗透率张量具有对称、全张量形式，运用模拟有限差分法（MFD）求解稳态渗流方程[195]。

对于所有裂隙模型，施加压力梯度为 1Pa/m 的线性边界条件，分别基于离散裂隙模型（DFM）和等效裂隙模型（EFM），数值求解稳态压力场和边界流量（q_x 和 q_y），如图 6-7 和图 6-8 所示。通过离散裂隙模型（DFM）的求解结果可知（图 6-7）：压力场分布与裂隙几何特征密切相关。当裂隙较短且分布较稀疏时（例如 $l_{min} = 4m$，$N = 50$），裂隙之间的连通性较差，压力场分布不均匀，主要由较长裂隙分布位置决定。随着 l_{min} 和 N 增加（例如 $l_{min} = 16m$，$N = 200$），由于裂隙之间连通性较好，渗流路径较多，施加在左边界上的压力可在裂隙网络之间轻易传导，压力场分布逐渐均匀。

对于等效裂隙模型（EFM），压力场的求解结果与离散裂隙模型（DFM）总体接近（图 6-8）。当裂隙较短、数量较少时（例如 $l_{min} = 4m$，

$N = 50$），尺度提升后的等效渗透率非均质性比较强烈（图 6-4），导致压力场分布不均匀，与离散裂隙模型（DFM）的求解结果比较一致（图 6-7）。随着 l_{min} 和 N 增加，压力场趋向于均匀分布（图 6-8），主要由于尺度提升后等效渗透率非均质性降低（图 6-4）。等效裂隙模型（EFM）中粗尺度网格尺寸为 2m × 2m，与离散裂隙模型（DFM）相比，数值计算量明显减少，与此同时，难以反映因裂隙几何特征导致压力场变化的精细特征。

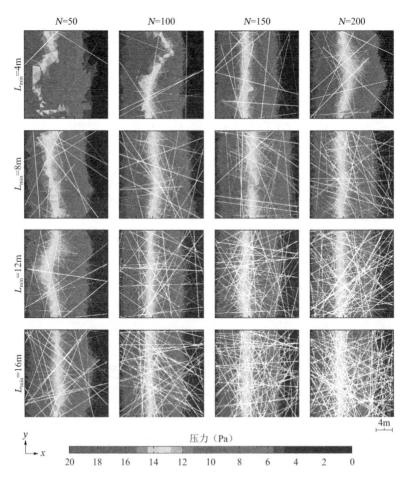

图 6-7 基于细尺度的离散裂隙模型计算的压力场

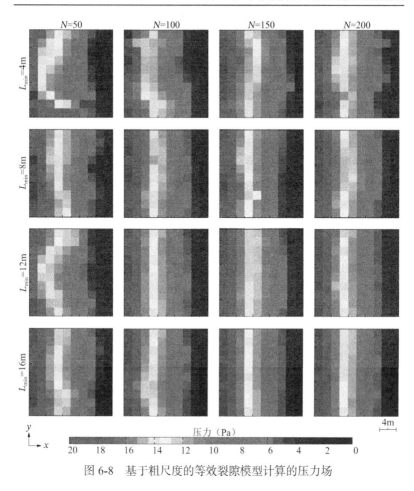

图 6-8 基于粗尺度的等效裂隙模型计算的压力场

为比较尺度提升过程中模型流量变化，比较等效裂隙模型
（EFM）和离散裂隙模型（DFM）计算获得的q_x和q_y（图 6-9）。当裂
隙宽度恒定时（$D = 0$），不同裂隙长度和裂隙数量的模型流量范围
为 $10^{-9} \sim 10^{-8} m^3$。当裂隙宽度 – 长度相关系数$D = 0.5$ 时，流量范围
为 $10^{-8} \sim 10^{-6} m^3$；当裂隙宽度 – 长度相关系数$D = 1$ 时，流量范围为
$10^{-7} \sim 10^{-4} m^3$。结果表明：当裂隙长度和裂隙数量不变时，随着相关
指数D增加，模型计算获得的流量及其变化程度也增加。图 6-9 显
示：离散裂隙模型（DFM）和等效裂隙模型（EFM）计算得到的流
量，基本分布在等效线两旁，表明$q^{EFM} \approx q^{DFM}$。进一步地，对于不

同模型计算得到的q_x和q_y，进行了回归分析，列出了拟合参数（表6-1）。斜率范围从 1.07 到 1.09，截断误差很小，范围为$-3.21 \times 10^{-6} \sim 2.7 \times 10^{-11}$。确定系数$R^2$范围为 0.98～0.99，意味着拟合程度较高。上述分析结果表明：经尺度提升的等效裂隙模型（EFM）与离散裂隙模型（DFM）计算得到的流量之间呈线性变化，斜率接近于 1，两种模型的计算结果总体上具有良好的一致性。

线性回归分析拟合参数　　　　　　　　　　表 6-1

	斜率		截距		R^2	
	q_x	q_y	q_x	q_y	q_x	q_y
$D=0$	1.07	1.09	−2.45E−12	2.71E−11	0.98	0.99
$D=0.5$	1.08	1.09	−1.48E−08	−7.49E−09	0.99	0.99
$D=1$	1.07	1.09	−3.21E−06	−2.31E−06	0.99	0.99

裂隙几何参数l_{min}和N对等效裂隙模型（EFM）的流量计算精度也有影响。当裂隙长度较小、数量较少时，散点沿着等效线稀疏分布，随着l_{min}和N增加，散点沿着等效线更加集中（图6-9）。这主要是由于l_{min}和N较小时，计算的流量也较小，由尺度提升和数值模拟过程引起的较小的流量变化也可能导致等效裂隙模型（EFM）和离散裂隙模型（DFM）之间较大的差异。此外，随着相关指数D的增加，斜率和确定系数R^2并没有明显变化，截距却有所增加，主要因为流量随着裂隙宽度-长度相关指数D的增加而增加。

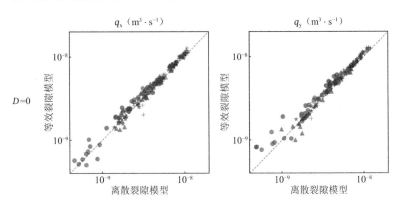

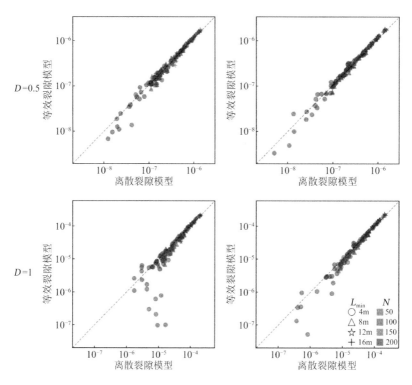

图 6-9　不同裂隙几何参数下，离散裂隙模型与等效裂隙模型计算的流量对比图

6.1.4　粗尺度模型精度随裂隙几何特征变化

本节分析经尺度提升后等效裂隙模型（EFM）的计算精度与裂隙介质几何特征之间的相关关系。对于每个裂隙介质模型，计算无量纲裂隙密度ρ（式 5-4）。基于稳态渗流方程的求解结果，使用流量的绝对相对误差e量化经尺度提升后的等效裂隙模型（EFM）计算误差[184]：

$$e = \left| \frac{q^{\text{EFM}} - q^{\text{DFM}}}{q^{\text{DFM}}} \right| \times 100\% \qquad (6\text{-}2)$$

式中，q^{EFM}和q^{DFM}分别表示等效裂隙模型（EFM）和离散裂隙模型（DFM）计算的流量，e_x和e_y分别表示沿x和y方向的流量计算误差。

经计算，裂隙密度ρ范围为 1.5～33.5，符合天然裂隙实测结果[270]。对于尺度提升模型误差，除了$l_{\min} = 4m$、$N = 50$ 时，一个模型的误差e_y为 268.9%，其他误差范围大致在 0.11%～88.71%。由于等效裂隙模型（EFM）具有强烈的各向异性和非均质性特征，通过模拟有限差分法（MFD）能够使用全张量形式的等效渗透率求解模型，从而提高求解精度[217]。同时，与有限体积法（FVM）相比，运用模拟有限差分法（MFD）可能会降低数值模型的鲁棒性。然而，480 个模型中，只有一个模型具有异常高的误差，说明这个模拟有限差分法（MFD）的鲁棒性问题在此并不突出。

尺度提升模型误差e_x和e_y随裂隙密度的变化如图 6-10 所示。结果显示：流量误差随裂隙密度的增加而减小。当裂隙密度在 2～3 时，流量误差e_x和e_y比较高，为 80%～90%。随着裂隙密度的增加，误差范围变得越来越小。当裂隙密度超过 20 时，e_x和e_y的范围在 20%以内。表明裂隙密度较低时，等效裂隙模型（EFM）的流量误差不确定性更大。

图 6-10 表明：即使裂隙密度较低时，许多等效裂隙模型（EFM）的误差也可以非常小，接近 0.2%。说明即便裂隙密度相对较低的模型，其尺度提升后的模型误差也不一定比裂隙密度较高的更大。尺度提升后模型精度还可能取决于其他裂隙几何特征，比如连通性等[283]。

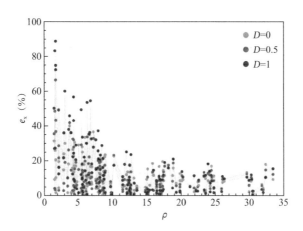

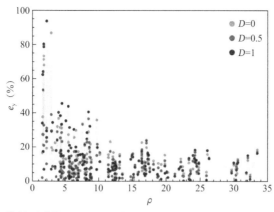

图 6-10　等效裂隙模型的流量计算误差（e_x和e_y）随无量纲裂隙密度ρ的
变化关系

裂隙宽度-长度相关指数 D 影响裂隙介质的各向异性[284]，同时也可能影响尺度提升效果。针对不同裂隙宽度-长度的相关模型，分析了尺度提升模型的误差变化。不同裂隙宽度-长度相关模型的流量误差平均值和中位数如表 6-2 所示。流量误差 e_x 的平均值和中位数范围为 8.58%～15.30%，流量误差 e_y 的平均值和中位数范围为 8.5%～14.78%，二者比较接近。当裂隙宽度-长度相关指数 D 增加时，流量误差 e_x 呈现略微增加趋势。当裂隙宽度为常数时，流量误差 e_y 比 e_x 略高；当裂隙宽度-长度相关指数 D 从 0.5 增加到 1 时，e_y 也略微增加。因此，随着裂隙宽度-长度关系从亚线性变为线性时，尺度提升后的等效裂隙模型（EFM）流量误差有增加趋势。

不同裂隙宽度-长度相关指数时等效裂隙模型流量计算误差　　表 6-2

	e_x（%）		e_y（%）	
	均值	中值	均值	中值
$D = 0$	10.74	8.59	14.78	10.08
$D = 0.5$	10.98	8.58	10.85	8.5
$D = 1$	15.3	10.05	13.78	10.02

6.1.5　讨论

裂隙的存在导致岩石的非均质性，对大尺度数值模拟造成困难[29]。当细尺度的离散裂隙模型（DFM）通过尺度提升，建立等效裂隙模型（EFM）后，这种非均质性仍以粗尺度网格的等效渗透率差异的形式存在。等效渗透率及其非均质性都受到裂隙几何参数的影响。本节主要考虑了裂隙长度l_{min}、裂隙数量N和裂隙宽度-长度相关指数D的影响，进一步的研究中应考虑其他重要的裂隙几何特征，比如分形特征、拓扑结构特征和连通性等[88,283,285,286]对等效裂隙模型非均质性的影响。

模型的非均质性会进一步影响数值模拟结果[287]。本节研究的等效裂隙模型虽然具有强烈的非均质性，但计算获得的流量q^{EFM}与离散裂隙模型的计算结果q^{DFM}仍比较接近。通过回归分析，q^{EFM}/q^{DFM}的比值变化范围为 1.07～1.09，确定系数R^2的范围为 0.98～0.99，表明等效裂隙模型（EFM）计算的流量与离散裂隙模型（DFM）计算的流量大致呈线性关系，即两种不同模型计算的流量近似相等[234,282]。本节模型局限于二维稳态渗流模型，应结合实测裂隙几何数据和动态观测数据[142,288,289]，进一步研究三维非稳态渗流过程的尺度提升模型。

6.2 数值模拟方法对等效裂隙模型的影响

裂隙介质经尺度提升后，等效渗透率通常具有全张量形式。等效裂隙模型（EFM）的数值求解方法主要包括：有限体积法（FVM）、有限差分法（FDM）、有限元法（FEM）等。目前，地下流体数值模拟软件通常采用有限体积法（FVM）或有限差分法（FDM），假设等效渗透率为标量或对角型张量（比如 MODFLOW），无法考虑非对角元素对渗流的影响。近年来，为克服这一问题，许多学者提出了基于多点流量逼近（MPFA）的有限体积法，模拟有限差分法（MFD）等离散化方法，求解具有全张量等效渗透率的渗流方程。本节在裂隙介质尺度提升的基础上，分析等效裂隙模型（EFM）不同离散化方法对模型精度的影响。

6.2.1 基于不同数值模拟方法求解渗流方程

参考相关研究中的裂隙几何形态[231]，建立 20m × 20m 的裂隙介质模型（图 6-11a）。假设裂隙宽度为 3μm，基岩渗透率 k_m 为 $1nm^2$。根据立方定律，裂隙渗透率 k_f 为 $7.5 \times 10^5 nm^2$。

根据上述裂隙介质概念模型，分别建立离散裂隙模型（DFM）和等效裂隙模型（EFM），求解稳态渗流过程。等效裂隙模型（EFM）通过多边界尺度提升方法（MFU）建立，粗尺度网格大小为 2m × 2m。模型的左右边界分别设置为 20Pa 和 0Pa 的恒定压力边界条件。模型前后边界设置为无流量边界。裂隙介质模型中压力从左到右逐渐降低，渗流方向从左边界指向右边界。离散裂隙模型（DFM）的求解运用多点流量逼近的有限体积法（FVM-MPFA）。等效裂隙模型（EFM）的求解主要运用三种离散化方法：常规基于两点流量逼近的有限体积法（FVM）、模拟有限差分法（MFD）和多点流量逼近的有限体积法（FVM-MPFA）。前两者分别通过 SHEMAT-Suite 和 SHEMAT-Suite-mFD 软件实现，后者通过 MRST 软件实现。计算的压力场如图 6-11b，第 1 行，第 2～4 列所示。此外，尺度提升后的等效渗透率张量中对角分量不一定相等[184]。因此，还考虑了非对称的等效渗透率张量，通过模拟有限差分法（MFD）求解渗流方程（图 6-11b，第 1 行，第 5 列）。

将等效裂隙模型（EFM）计算获得的压力和沿 x 轴方向流量与离散裂隙模型（DFM）的计算结果进行对比。在离散裂隙模型（DFM）中，将求解获得的细尺度、非结构网格上的压力在 2m × 2m 的粗尺度网格上进行平均（图 6-11b，第 1 列），获得了 100 个粗尺度网格中的压力，以便与等效裂隙模型（EFM）中的压力求解结果进行比较。

相同网格中，等效裂隙模型（EFM）和离散裂隙模型（DFM）之间的压力百分比误差，$\frac{|p_{EFM} - p_{DFM}|}{p_{DFM}} \times 100\%$，如图 6-11（b）的第 2 行所示。结果表明：模型右侧的压力较低，误差较大。等效裂隙模型（EFM）计算过程中，使用对角型张量和全张量之间的差异较明显。当使用全渗透率张量时，不同离散化方法的求解结果相近，多点流量逼近的有限体积法（FVM-MPFA）和模拟有限差分法（MFD）计算的结果具有良好的一致性。

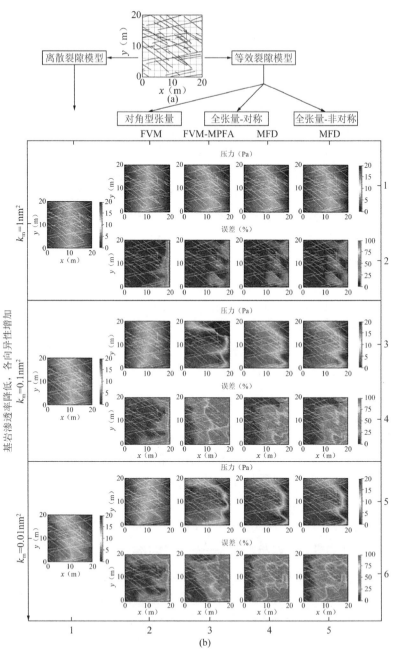

图 6-11　不同裂隙介质模型压力场求解结果及误差

表 6-3 汇总了离散裂隙模型（DFM）和等效裂隙模型（EFM）计算的沿 x 轴方向流量 q_x。结果表明：运用模拟有限差分法（MFD）和多点流量逼近的有限体积法（FVM-MPFA）计算的流量差异小于10%。等效渗透率张量是否对称（即非对角元素是否相等），对流量计算的差异可以忽略不计。然而，当使用对角渗透率张量，即忽略非对角项时，流量计算的结果通常偏高，差异较大。

不同模型流量 q_x 求解结果及等效裂隙模型中振荡解所占比率 R

表 6-3

各向异性程度		离散裂隙模型	等效裂隙模型			
			对角型张量	对称型全张量		非对称型全张量
		MPFA	FVM	MPFA	MFD	MFD
低	q_x（10^{-14}m³/s）	3.75	5.50	3.95	4.27	4.30
	R（%）	0	0	0	0	0
中	q_x（10^{-14}m³/s）	1.81	2.98	0.69	1.54	1.57
	R（%）	0	0	20	1	1
高	q_x（10^{-14}m³/s）	1.36	2.55	0.54	0.65	0.73
	R（%）	0	0	8	7	5

6.2.2　基岩渗透率的影响

随着基岩和裂隙之间渗透率差异增加，等效渗透率的各向异性更加强烈。裂隙介质渗流模型的求解精度可能会受到各向异性的影响。为此，进一步降低基岩渗透率 k_m 为 0.1nm² 和 0.01nm²，增加模型的各向异性，分析离散裂隙模型（DFM）和等效裂隙模型（EFM）的计算结果差异（图 6-11b，第 3~6 行和表 6-3）。

结果显示：各向异性增加时，等效裂隙模型（EFM）中的压力和流量误差呈现逐渐增加的趋势（图 6-12）。在强烈各向异性的模型中，当考虑全张量的等效渗透率时，会出现振荡解，即压力超出边界条件设定值的范围。使用多点流量逼近的有限体积法（FVM-MPFA）时，振荡解比率 R（具有振荡解的网格数占总网格数的百分比）比使用模拟有限差分法（MFD）高。相比之下，基于两点逼近的有限体积法

（FVM）计算获得的压力在所有模型中都无振荡解，压力误差较低，但流量误差较高。在具有高度各向异性的模型中，使用非对称渗透率张量比使用对称的渗透率张量误差稍低（图6-12）。

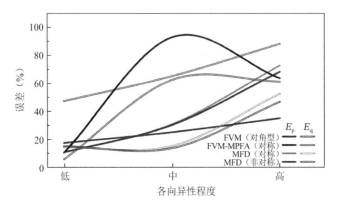

图6-12　等效裂隙模型的压力误差（E_p）和流量误差（E_q）

综上所述，经尺度提升后的等效裂隙模型（EFM）的计算效果，除了尺度提升方法选取造成的等效渗透率差异之外，还与模型的离散化方法和各向异性程度等因素有关。有限体积法（FVM）在高度各向异性模型中压力误差较小，只是因为该离散化方法的鲁棒性较好，没有误差较大的振荡解，并不能说明不需要考虑等效渗透率的全张量形式。当考虑全张量的等效渗透率时，能够在模型中更准确地体现各向异性特征，但是相关离散化方法（MFD或FVM-MPFA）在求解过程中可能会遇到困难（尤其面对高度各向异性模型时），导致求解结果产生振荡解，增加等效裂隙模型（EFM）的求解误差。

不同模型在求解过程中线性方程组的规模大小也不同。上述等效裂隙模型包含100个粗尺度网格，基于两点流量逼近的有限体积法（FVM）建立的线性方程组，未知量的个数等于网格数（100个）；运用模拟有限差分法（MFD）时，未知量的个数为网格面数量，方程组规模大致是前者的三倍多（380个）；运用多点流量逼近的有限体积法（FVM-MPFA）时，未知量个数为140。而对于离散裂隙模型（DFM），线性方程组的未知量个数为3086。使用等效裂隙模型

（EFM）在计算量方面优势比较明显。运用模拟有限差分法（MFD）建立的等效裂隙模型（EFM），其计算量比离散裂隙模型（DFM）小，同时比其他两种离散化方法建立的等效裂隙模型（EFM）计算更精确。

运用多边界方法（MFU）进行裂隙介质渗透率尺度提升过程中发现：有的网格等效渗透率张量呈现对称性；有的网格等效渗透率张量非对角元素在求取平均值之前不相等，即不具有对称性，Zijl[183]在相关研究中也对这一点进行了讨论。多边界尺度提升方法（MFU）属于"数值法"，计算的等效渗透率张量与网格内裂隙几何形状和渗流边界条件有关。运用周期性边界条件，尺度提升后的渗透率张量始终具有对称性[225]。线性边界条件比前者更接近于天然渗流状态，求取的等效渗透率张量形式将取决于裂隙分布（图 6-13），可能会出现非对称张量的情况（图 6-13c）。在后续等效裂隙模型（EFM）数值求解过程中，选取的离散化方法应能精确处理不同形式且高度各向异性的等效渗透率。

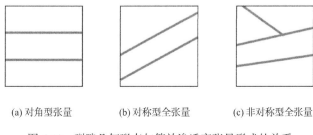

(a) 对角型张量　　　　(b) 对称型全张量　　　　(c) 非对称型全张量

图 6-13　裂隙几何形态与等效渗透率张量形式的关系

本节展示了运用模拟有限差分法（MFD）求解具有全张量形式等效渗透率的渗流模型。该离散化方法还可进一步拓展，应用于模拟渗流和溶质运移等耦合过程，以便精确地刻画等效裂隙模型（EFM）中的渗流路径及其对污染物运移和热量传递等的影响。

6.3　基于等效裂隙模型的地热开采模拟

裂隙是地下水渗流的主要通道，同时也影响地下热量运移过程。

裂隙介质渗流模型的选取对于地下水渗流和地热开采量预测等有重要影响[290]。本节主要考虑地热储层开采问题，研究不同裂隙几何形态对等效裂隙模型（EFM）计算精度和效率的影响。分别考虑裂隙几何形态平行于模型坐标轴的情况和不平行于坐标轴的情况，比较了等效裂隙模型（EFM）与离散裂隙模型（DFM）计算的温度差异。当裂隙形态不平行于坐标轴时，等效渗透率张量具有非对角分量，即具有全张量形式。因此，除了基于两点流量逼近的有限体积法（FVM），还运用模拟有限差分法（MFD）求解等效裂隙模型（EFM）的渗流方程。

6.3.1 三维裂隙型热储模型

根据 Soultz-sous-Forêts 增强型地热系统的实际工程资料[246]，建立 500m × 500m × 150m 的裂隙型热储，模型底部距离地表 4000m（图 6-14a）。沿 y 轴方向，注入井和开采井之间距离约为 350m，两口井距离 x 方向的左右边界均为 250m，距离 y 方向上的前后边界均为75m。两口井之间设置一口监测井。三口井均通过点表示，井的垂向位置位于模型中间。

模型中水头和温度的初始条件分别为 4000m 和 170°C。模型边界均设置为无流量边界条件，即没有地下水或热量的流入流出。注入井温度为 20°C。注入井和开采井具有相同的流量大小，为 0.5m³/s。假设地热井持续开采时间为 30 年，划分为 100 个时间步，步长逐渐增大。

建立两个与 z 轴平行的裂隙网格。一个裂隙面与 x 轴和 y 轴平行（图 6-14b），另一个裂隙面与 x 轴和 y 轴不平行（图 6-14c），后者可认为是前者在 x-y 平面旋转 45°。假设热储和地热流体参数恒定（表 6-4），能够在一定程度上避免模型数值求解过程中难以收敛的问题，从而排除其他因素对模拟结果的影响。裂隙孔隙度设为 1，因此一些裂隙属性（比如密度和热导率）与地热流体属性参数一致。

裂隙型热储开发利用数值模拟主要涉及渗流和热量传递两个过程的耦合[198]。分别运用细尺度的离散裂隙模型（DFM）和粗尺度的等效裂隙模型（EFM），数值计算地热储层开采过程。离散裂隙模型（DFM）采热数值模拟主要涉及三个步骤。首先，使用裂隙介质建模软件生成裂隙网络。然后，进行模型网格化，将二维裂隙剖分为三角形单元（如使用 Hypermesh 软件）、将三维基岩剖分为四面体单元[291]。细尺度网格剖分的主要难点在于处理裂隙与裂隙之间的交界处，以及较大的计算量。最后，基于多场耦合数值模拟软件 OpenGeoSys[173,243]使用有限元方法求解渗流和热量传递过程。

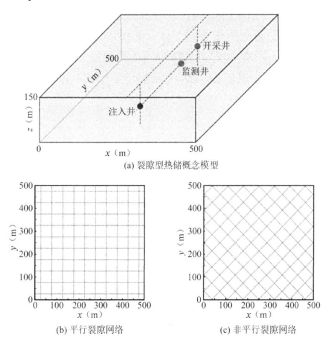

(a) 裂隙型热储概念模型

(b) 平行裂隙网络　　　　　　　　　　(c) 非平行裂隙网络

图 6-14　裂隙型热储概念模型及平面裂隙几何形态

裂隙型热储模型参数　　　　　　表 6-4

参数	裂隙	基岩	地热流体
孔隙率	1	0.1	—
渗透率（m^2）	1.2×10^{-7}	1.2×10^{-15}	—
贮水率（m^{-1}）	3.88×10^{-7}	9.73×10^{-5}	—
压缩率（Pa^{-1}）	4×10^{-10}	1×10^{-8}	4×10^{-10}
密度（$kg \cdot m^{-3}$）	988	2500	988
比热容（$J \cdot kg^{-1} \cdot K^{-1}$）	4180	1000	4180
热导率（$W \cdot m^{-1} \cdot K^{-1}$）	0.63	2.5	0.63
黏度（$Pa \cdot s$）	—	—	5×10^{-4}

等效裂隙模型（EFM）采热数值模拟主要包括以下步骤：首先，在裂隙网络的基础上，定义粗尺度网格大小，建立结构化的粗尺度网格系统。然后，基于裂隙介质建模软件，运用 Oda 尺度提升方法[220]计算每个粗尺度网格的等效渗透率。最后，使用 SHEMAT-Suite 软件[198]求解渗流和热量传递耦合方程。离散化方法分别采用考虑对角型等效渗透率的有限体积法（FVM），和可以考虑全张量形式的等效渗透率的模拟有限差分法（MFD）。对于构成的线性方程组，有限体积法（FVM）使用 BiCG 迭代法求解器[292]，模拟有限差分法（MFD）使用 LAPACK 库[214]中的直接法求解器。

6.3.2 平行裂隙网络

当裂隙面与坐标轴平行时（图 6-14b），分别使用离散裂隙模型和等效裂隙模型求解渗流和传热耦合过程。对于等效裂隙模型（EFM），粗尺度网格大小为 50m × 50m × 50m。平行裂隙网络经尺度提升后，产生了均质等效渗透率场。等效渗透率张量为对角型，水平分量 k_{xx} 和 k_{yy} 均为 $7.09 \times 10^{-12} \text{m}^2$，垂向分量 k_{zz} 为 $5.67 \times 10^{-11} \text{m}^2$。

等效裂隙模型（EFM）中渗流方程分别采用有限体积法（FVM）和模拟有限差分法（MFD）求解。裂隙型热储开采 30 年后的温度分布如图 6-15（a）和图 6-15（b）所示。开采井和监测井温度随开采时间延长而逐渐降低。由于监测井距离注入井较近，热突破发生时间比开采井较早。

离散裂隙模型（DFM）中非结构化网格节点数为 29028，裂隙剖分后的三角形单元数为 32146，基岩剖分后的四面体单元数为 147570。裂隙型热储开采 30 年后的温度如图 6-15（c）所示，注入井中的流体主要沿裂隙渗流，与等效裂隙模型（EFM）相比，运用离散裂隙模型（DFM）能精确地观察到裂隙几何特征对热储温度分布的影响。

对比开采井的温度随时间变化曲线，发现等效裂隙模型（EFM）与离散裂隙模型（DFM）的计算结果接近，基于不同离散化方法建立的等效裂隙模型（EFM），在开采井和监测井处的温度计算结果也比较接近（图 6-16a）。此外，对于开采井和监测井，模拟有限差分法（MFD）计算的温度都略高于有限体积法（FVM），这主要因为两种不同离散化方法在求解渗流方程时计算的水头和渗流速度的差异所致。

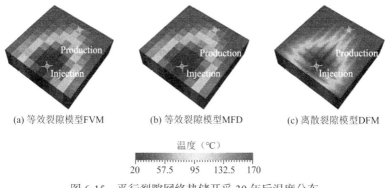

(a) 等效裂隙模型FVM　　　(b) 等效裂隙模型MFD　　　(c) 离散裂隙模型DFM

温度（℃）

20　　57.5　　95　　132.5　　170

图 6-15　平行裂隙网络热储开采 30 年后温度分布

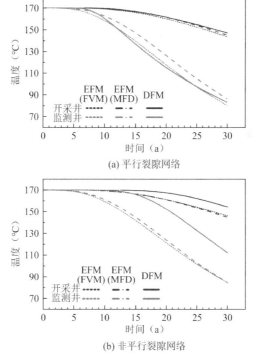

(a) 平行裂隙网络

(b) 非平行裂隙网络

图 6-16　不同模型计算的开采井和监测井温度随时间变化

6.3.3　非平行裂隙网络

当裂隙与坐标轴不平行时，经尺度提升后建立的等效裂隙模型（EFM），其等效渗透率场具有非均质特征。与裂隙和基岩之间的渗透率差异相比，等效裂隙模型（EFM）中粗尺度网格之间的渗透率差异较小。在水平方向上，等效渗透率张量包含对称的非对角分量，即 $k_{xy} = k_{yx}$，使用模拟有限差分法（MFD）时能够考虑非对角分量对渗流过程的影响。

裂隙型热储在开采 30 年后，基于等效裂隙模型（EFM）计算的温度分布如图 6-17（a）和图 6-17（b）所示。开采井和监测井的温度分别降至约 146℃ 和 85℃（图 6-16b）。基于不同离散方法建立的两个等效裂隙模型（EFM），在监测井和开采井处计算的温度差异较小。

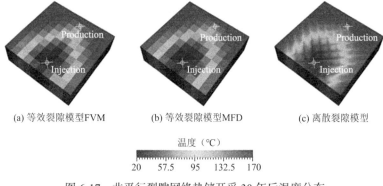

(a) 等效裂隙模型FVM　　　(b) 等效裂隙模型MFD　　　(c) 离散裂隙模型

温度（℃）

20　57.5　95　132.5　170

图 6-17　非平行裂隙网络热储开采 30 年后温度分布

细尺度的离散裂隙模型（DFM）中包含 44036 个非结构化网格节点、43646 个三角形网格单元和 231115 个四面体网格单元。与平行裂隙网络相比，该非平行裂隙网络模型中，裂隙面与边界之间夹角更小，增加了离散裂隙模型（DFM）的网格划分的难度和计算量。离散裂隙模型（DFM）计算的 30 年后热储温度分布如图 6-17（c）所示。具有高渗透性的裂隙为地下流体提供了优势渗流通道，导致裂隙中热对流更强烈，温度比周围的基岩低。等效裂隙模型（EFM）中温度分布的变化特征与离散裂隙模型（DFM）中的类似。

图 6-16(b)显示了离散裂隙模型(DFM)和等效裂隙模型(EFM)计算的开采井温度随时间变化的趋势。30 年后，开采井温度下降到 155℃，监测井下降到 112℃，两口井的温度都高于等效裂隙模型中观察到的温度。监测井距离注入井更近，两种模型之间的差异更加明显。

6.3.4　裂隙几何特征对模型精度和效率的影响

当裂隙网络与模型边界平行时，粗尺度的等效裂隙模型(EFM)和细尺度的离散裂隙模型(DFM)计算得到的开采井温度接近，等效裂隙模型(EFM)的相对误差为 1%~3%(图 6-18a)。采用模拟有限差分法(MFD)产生的误差比有限体积法(FVM)小。然而，当裂隙几何形态从平行变为非平行时，等效裂隙模型(EFM)和离散裂隙模型(DFM)计算的生产井温度相对误差增加到 5%~7%。

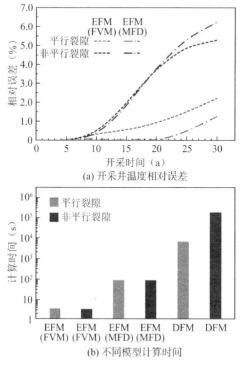

(a) 开采井温度相对误差

(b) 不同模型计算时间

图 6-18　等效裂隙模型开采井温度计算误差和计算时间

使用等效裂隙模型（EFM）对计算效率的提升作用明显。运行不同模型所需时间如图 6-18（b）所示。对于等效裂隙模型（EFM），采用有限体积法（FVM）计算时间小于10s，采用模拟有限差分法（MFD）的计算时间小于100s。对于离散裂隙模型（DFM），计算时间范围为 5000~200000s。从平行裂隙网络到非平行裂隙网络，等效裂隙模型（EFM）的计算时间几乎不变。然而，运用离散裂隙模型（DFM）的计算时间会大幅增加。这主要因为：模型的计算时间主要与网格数量有关。对于等效裂隙模型（EFM），无论是平行还是非平行裂隙网络，粗网格数量都是 300 个。对于离散裂隙模型（DFM），平行和不平行裂隙情况下，模型非结构化网格数分别为179716 和 274761。非平行裂隙模型的网格数增加，导致求解渗流和传热方程所需的线性方程组规模更大，求解消耗时间更多，从而计算效率较低。

6.3.5　讨论

本节研究结果表明：裂隙平行于模型边界时，运用等效裂隙模型（EFM）预测温度具有较高的准确性和计算效率。然而，当将裂隙面变为不平行于模型边界时，与细尺度的离散裂隙模型（DFM）的求解结果相比，粗尺度的等效裂隙模型（EFM）计算的开采温度会有所降低。热储中的裂隙主导了热对流过程。在非平行裂隙网格中，注入井和开采井之间的渗流路径变得更长、更曲折，将增加裂隙和基岩之间的接触面积，导致开采井的温度比平行裂隙网格时更高。该结果表明：无论是人工压裂作用还是天然形成的裂隙，如果能够增加开采井与注入井之间的渗流路径，将使热储开采温度降低得更缓慢，产热量更高。然而，渗流路径的延长可能使注入井和开采井之间的压力差更大，需要消耗更多的能量维持地热流体循环。

等效裂隙模型（EFM）中粗尺度网格均为立方体形状，当裂隙面不平行于模型边界时，粗尺度网格的几何形状难以复现细尺度上的渗流路径，从而导致生产井温度被低估。这表明等效裂隙模型（EFM）求解精度，还受到裂隙面方向因素的影响。当裂隙密度大幅增加，使得粗尺度网格尺寸大于代表性单元体（REV）时，粗尺度网格此时更类似于多孔介质。在这种情况下，裂隙方向对等效裂隙模型（EFM）精度的影响应该会减小。因此，当裂隙比较稀疏时，对于等效裂隙模型（EFM），应进一步考虑根据裂隙方向建立非结构网格，以保持裂隙几何形状，提高模拟精度，同时又能通过尺度提升减少计算量。

两种不同离散化方法在平行和非平行裂隙网络中产生了非常相似的结果。对于非平行裂隙网络，等效渗透率张量具有对称的非对角分量，能够在模拟有限差分法（MFD）中予以考虑。然而，模型中非对角分量的绝对值比最小的对角分量至少小四倍。表明了非对角分量对本模型中渗流-传热耦合过程的求解结果影响有限。

在等效裂隙模型（EFM）建立过程中，不同尺度提升方法可能会为模型求解带来不确定性。本研究中，Oda 尺度提升方法是适用的，因为模型中的每条裂隙都无限延伸，并被粗尺度网格边界截断。因此，对于粗尺度网格来说，假设裂隙无限长是有效的。然而，当裂隙具有不同长度且连通性较差时，Oda 尺度提升方法在计算等效渗透率过程中会产生较大误差。此时，应选取裂隙介质尺度提升的"数值法"求取等效渗透率。

粗尺度网格大小的选取可能会对等效裂隙模型（EFM）的求解精度产生影响。在本研究中，对于平行裂隙网络，热储运行生产30 年的情况下，等效裂隙模型（EFM）和离散裂隙模型（DFM）在开采井计算的温度相对差异小于 3%，该网格的大小可以接受。然而，对于非平行裂隙网络，温度计算误差增加，进一步研究应探讨粗尺度网格的大小变化对等效裂隙模型（EFM）精度和效率的影响。

6.4　本章小结

本章首先分析了裂隙几何形态对等效裂隙模型（EFM）非均质性和计算精度的影响。假设裂隙长度服从幂律分布，且裂隙宽度-长度具有相关性，基于多边界尺度提升方法（MFU）建立等效裂隙模型（EFM）。分别通过粗尺度的等效裂隙模型（EFM）和细尺度的离散裂隙模型（DFM），求解稳态渗流方程，定量分析了等效裂隙模型（EFM）非均质性和精度随裂隙几何形态的变化特征。获得的主要结论如下：①等效渗透率的非均质性受到裂隙长度和数量的影响。当裂隙长度和数量一定时，模型的非均质程度随裂隙宽度-长度相关指数增加而逐渐增大，尤其是当裂隙长度和数量较小时。②运用多边界尺度提升方法（MFU）获得的等效裂隙模型（EFM），其计算的流量与离散裂隙模型（DFM）的计算结果接近，拟合斜率约为 1.08，确定系数 R^2 高于 0.98。③裂隙宽度-长度相关性从亚线性到线性时，等效裂隙模型（EFM）计算精度会降低。④相同裂隙几何参数下随机生成的裂隙介质模型，其等效裂隙模型（EFM）的流量计算结果具有不确定性，该不确定性随无量纲裂隙密度的增加而降低。

然后，对于等效裂隙模型（EFM），分析了不同离散方法对模拟结果的影响，主要包括有限体积法（FVM）、基于多点流量逼近的有限体积法（FVM-MPFA）和模拟有限差分法（MFD）。考虑不同的基岩渗透性，以细尺度的离散裂隙模型计算结果为准，分析了粗尺度的等效裂隙模型压力和沿 x 方向的流量计算误差。结果表明：使用有限体积法（FVM）时，压力误差和沿 x 方向的流量误差分别为 15%～30% 和 45%～90%；使用模拟有限差分法（MFD）时，它们分别为 10%～70% 和 10%～50%；使用基于多点流量逼近的有限体积法（FVM-MPFA）时，它们分别为 10%～90% 和 5%～60%，较高的误差是由于网格的振荡解数量较多。此外，随着基岩渗透率降低，模型的非均质和各向异性程度增加，等效裂隙模型（EFM）的误差呈增加趋势。运用模拟有限差分法（MFD）时，使用对称和非对称的等效渗透率张量之间的差异小于 10%。

最后，针对不同几何形态，分析了经尺度提升后的等效裂隙模型（EFM）在求解渗流-传热耦合过程时的计算精度。当裂隙面与模型边界平行时，通过与离散裂隙模型（DFM）求解结果的对比，发现等效裂隙模型（EFM）的开采井温度计算结果较精确，误差总体小于 3%，运用模拟有限差分法（MFD）比运用有限体积法（FVM）计算精度高。当裂隙面与模型边界不平行时，生产井温度会相对升高，等效裂隙模型（EFM）的计算误差也会增加，总体误差 5%～6%，在开采后期运用模拟有限差分法（MFD）计算的温度误差稍高。此外，从平行裂隙网络变化到非平行裂隙网络，离散裂隙模型（DFM）中非结构化网格数会增加，计算效率下降，而等效裂隙模型（EFM）中结构化粗尺度网格数不变，计算效率变化不大。

参考文献

[1] 邱殿明. 断裂、断层、节理、劈理、裂隙、裂缝之间的关系小结[J]. 吉林大学学报 (地球科学版), 2013(5): 1392.

[2] NELSON R A. Geologic analysis of naturally fractured reservoirs[M]. Woburn: Gulf Professional Publishing, 2001.

[3] QIAN J Z, CHEN Z, ZHAN H B, et al. Solute transport in a filled single fracture under non-Darcian flow[J]. International journal of rock mechanics and mining sciences, 2011, 48(1): 132-140.

[4] GALE J F W, LAUBACH S E, OLSON J E, et al. Natural fractures in shale: a review and new observations[J]. AAPG bulletin, 2014, 98(11): 2165-2216.

[5] 张人权, 梁杏, 靳孟贵, 等. 水文地质学基础[M]. 北京: 地质出版社, 2018.

[6] 周志芳, 王锦国. 裂隙介质水动力学[M]. 北京: 中国水利水电出版社, 2004.

[7] PETERLINI G, PECCININI PINESE J P, CELLIGOI A. Proposed method for the evaluation of water productivity in fractured aquifers[J]. Journal of hydrology, 2021, 602: 126754.

[8] AGUILERA R. Geologic aspects of naturally fractured reservoirs[J]. The leading edge, 1998, 17(12): 1667-1670.

[9] 许天福, 张延军, 曾昭发, 等. 增强型地热系统 (干热岩) 开发技术进展[J]. 科技导报, 2012, 30(32): 42-45.

[10] MARCH R, DOSTER F, GEIGER S. Assessment of CO_2 storage potential in naturally fractured reservoirs with dual-porosity models[J]. Water resources research, 2018, 54(3): 1650-1668.

[11] 李琦, 蔡博峰, 陈帆, 等. 二氧化碳地质封存的环境风险评价方法研究综述[J]. 环境工程, 2019, 37(2): 13-21.

[12] 邓龙传, 李晓昭, 吴云, 等. 北山场址区不同尺度结构面导水特性研究[J]. 工程地质学报, 2021, 29(1): 77-85.

[13] ZHANG X, MA F, DAI Z, et al. Radionuclide transport in multi-scale fractured rocks: a review[J]. Journal of hazardous materials, 2022, 424: 127550.

[14] 王恩志. 岩体裂隙的网络分析及渗流模型[J]. 岩石力学与工程学报, 1993, 12(3): 214-221.

[15] VISWANATHAN H S, AJO-FRANKLIN J, BIRKHOLZER J T, et al. From fluid flow to coupled processes in fractured rock: recent advances and new frontiers[J].

Reviews of geophysics, 2022, 60(1).

[16] ROGERS S, ELMO D, DUNPHY R, et al. Understanding hydraulic fracture geometry and interactions in the horn river basin through DFN and numerical modeling[Z]. SPE, 2010.

[17] ADLER P M, THOVERT J-F, MOURZENKO V V. Fractured porous media[M]. Oxford: Oxford University Press, 2013.

[18] XIONG F, WEI W, XU C, et al. Experimental and numerical investigation on nonlinear flow behaviour through three dimensional fracture intersections and fracture networks[J]. Computers and geotechnics, 2020, 121: 103446.

[19] CHEN T, YIN H, ZHAI Y, et al. Numerical simulation of mine water inflow with an embedded discrete fracture model: application to the 16112 working face in the Binhu Coal Mine, China[J]. Mine Water and the Environment, 2022, 41(1): 156-167.

[20] DAGAN G. Stochastic modeling of groundwater flow by unconditional and conditional probabilities: 2: The solute transport[J]. Water resources research, 1982, 18(4): 835-848.

[21] MILLER C T, DAWSON C N, FARTHING M W, et al. Numerical simulation of water resources problems: models, methods, and trends[J]. Advances in water resources, 2013, 51: 405-437.

[22] 王礼恒, 李国敏, 董艳辉. 裂隙介质水流与溶质运移数值模拟研究综述[J]. 水利水电科技进展, 2013, 33(4): 84-88.

[23] YAO J, HUANG Z-Q. Fractured vuggy carbonate reservoir simulation[M]. Berlin: Springer Berlin Heidelberg, 2017.

[24] KOLDITZ O, CLAUSER C. Numerical simulation of flow and heat transfer in fractured crystalline rocks: application to the Hot Dry Rock site in Rosemanowes (U.K.)[J]. Geothermics, 1998, 27(1): 1-23.

[25] BLöCHER M G, ZIMMERMANN G, MOECK I, et al. 3D numerical modeling of hydrothermal processes during the lifetime of a deep geothermal reservoir[J]. Geofluids, 2010, 10(3): 406-421.

[26] 张志雄, 谢健, 戚继红, 等. 地质封存二氧化碳沿断层泄漏数值模拟研究[J]. 水文地质工程地质, 2018, 45(2): 109-116.

[27] BIRKHOLZER J T, TSANG C-F, BOND A E, et al. 25 years of DECOVALEX - Scientific advances and lessons learned from an international research collaboration in coupled subsurface processes[J]. International journal of rock mechanics and

mining sciences, 2019, 122: 1039-1095.

[28] NEUMAN S P. Trends, prospects and challenges in quantifying flow and transport through fractured rocks[J]. Hydrogeology journal, 2005, 13(1): 124-147.

[29] BERKOWITZ B. Characterizing flow and transport in fractured geological media: a review[J]. Advances in water resources, 2002, 25(8-12): 861-884.

[30] JING L. A review of techniques, advances and outstanding issues in numerical modelling for rock mechanics and rock engineering[J]. International journal of rock mechanics and mining sciences, 2003, 40(3): 283-353.

[31] ZOU L, CVETKOVIC V. Disposal of high-level radioactive waste in crystalline rock: on coupled processes and site development[J]. Rock mechanics bulletin, 2023, 2(3): 1000-1061.

[32] BERRE I, DOSTER F, KEILEGAVLEN E. Flow in fractured porous media: a review of conceptual models and discretization approaches[J]. Transport in porous media, 2018, 130(1): 215-236.

[33] HELD S, GENTER A, KOHL T, et al. Economic evaluation of geothermal reservoir performance through modeling the complexity of the operating EGS in Soultz-sous-Forêts[J]. Geothermics, 2014, 51: 270-280.

[34] HUI M-H R, MALLISON B, HEIDARY-FYROZJAEE M, et al. The upscaling of discrete fracture models for faster, coarse-scale simulations of IOR and EOR processes for fractured reservoirs[Z]. Day 2 tue, october 01, 2013. SPE. 2013.10.2118/166075-ms.

[35] PAINTER S, CVETKOVIC V. Upscaling discrete fracture network simulations: an alternative to continuum transport models[J]. Water resources research, 2005, 41(2).

[36] DAI Z, WOLFSBERG A, LU Z, et al. Upscaling matrix diffusion coefficients for heterogeneous fractured rocks[J]. Geophysical research letters, 2007, 34(7).

[37] LEI Q, LATHAM J P, TSANG C F, et al. A new approach to upscaling fracture network models while preserving geostatistical and geomechanical characteristics[J]. Journal of geophysical research: solid earth, 2015, 120(7): 4784-4807.

[38] KARIMI-FARD M, DURLOFSKY L J. A general gridding, discretization, and coarsening methodology for modeling flow in porous formations with discrete geological features[J]. Advances in water resources, 2016, 96: 354-372.

[39] CHEN T, CLAUSER C, MARQUART G, et al. Upscaling permeability for three-dimensional fractured porous rocks with the multiple boundary method[J]. Hydrogeology journal, 2018, 26(6): 1903-1916.

[40] WEIJERMARS R, KHANAL A. High-resolution streamline models of flow in fractured porous media using discrete fractures: implications for upscaling of permeability anisotropy[J]. Earth-science reviews, 2019, 194: 399-448.

[41] KUMAR K, LIST F, POP I S, et al. Formal upscaling and numerical validation of unsaturated flow models in fractured porous media[J]. Journal of computational physics, 2020, 407: 109-138.

[42] ZHANG X, MA F, YIN S, et al. Application of upscaling methods for fluid flow and mass transport in multi-scale heterogeneous media: a critical review[J]. Applied energy, 2021, 303: 117603.

[43] CHRISTIE M A. Upscaling for reservoir simulation[J]. Journal of petroleum technology, 1996, 48(11): 1004-1010.

[44] LI L, ZHOU H, GóMEZ-HERNáNDEZ J J. Transport upscaling using multi-rate mass transfer in three-dimensional highly heterogeneous porous media[J]. Advances in water resources, 2011, 34(4): 478-489.

[45] CHEN Y, DURLOFSKY L J. Adaptive local: global upscaling for general flow scenarios in heterogeneous formations[J]. Transport in porous media, 2006, 62(2): 157-185.

[46] YU X, BUTLER S K, KONG L, et al. Machine learning-assisted upscaling analysis of reservoir rock core properties based on micro-computed tomography imagery[J]. Journal of petroleum science and engineering, 2022, 219: 1110-1187.

[47] 王媛, 速宝玉. 单裂隙面渗流特性及等效水力隙宽[J]. 水科学进展, 2002, 13(1): 61-68.

[48] BONNET E, BOUR O, ODLING N E, et al. Scaling of fracture systems in geological media[J]. Reviews of geophysics, 2001, 39(3): 347-383.

[49] HUANG L, SU X, TANG H. Optimal selection of estimator for obtaining an accurate three-dimensional rock fracture orientation distribution[J]. Engineering geology, 2020, 270: 1055-1075.

[50] MENDEZ J N, JIN Q, GONZALEZ M, et al. Fracture characterization and modeling of karsted carbonate reservoirs: a case study in Tahe oilfield, Tarim Basin (western China)[J]. Marine and petroleum geology, 2020, 112: 1041-1104.

[51] XU C, DOWD P. A new computer code for discrete fracture network modelling[J].

Computers & geosciences, 2010, 36(3): 292-301.

[52] ZHANG L, CUI C, MA X, et al. A fractal discrete fracture network model for history matching of naturally fractured reservoirs[J]. Fractals, 2019, 27(1): 1940-2008.

[53] OLSON J E, LAUBACH S E, LANDER R H. Natural fracture characterization in tight gas sandstones: integrating mechanics and diagenesis[J]. AAPG bulletin, 2009, 93(11): 1535-1549.

[54] HOOKER J N, LAUBACH S E, MARRETT R. Fracture-aperture size: frequency, spatial distribution, and growth processes in strata-bounded and non-strata-bounded fractures, Cambrian Mesón Group, NW Argentina[J]. Journal of structural geology, 2013, 54: 54-71.

[55] BISDOM K, BERTOTTI G, NICK H M. The impact of different aperture distribution models and critical stress criteria on equivalent permeability in fractured rocks[J]. Journal of geophysical research: solid earth, 2016, 121(5): 4045-4063.

[56] DARCEL C, DAVY P, BOUR O, et al. Discrete fracture network for the Forsmark site[R]. Svensk kärnbränslehantering AB, 2006.

[57] LIU R, LI B, JIANG Y, et al. Review: mathematical expressions for estimating equivalent permeability of rock fracture networks[J]. Hydrogeology journal, 2016, 24(7): 1623-1649.

[58] SHAHBAZI A, SAEIDI A, CHESNAUX R. A review of existing methods used to evaluate the hydraulic conductivity of a fractured rock mass[J]. Engineering geology, 2020, 265: 105438.

[59] MIN K-B, RUTQVIST J, TSANG C-F, et al. Stress-dependent permeability of fractured rock masses: a numerical study[J]. International journal of rock mechanics and mining sciences, 2004, 41(7): 1191-1210.

[60] HESS A E. Identifying hydraulically conductive fractures with a slow-velocity borehole flowmeter[J]. Canadian geotechnical journal, 1986, 23(1): 69-78.

[61] LE BORGNE T, BOUR O, PAILLET F L, et al. Assessment of preferential flow path connectivity and hydraulic properties at single-borehole and cross-borehole scales in a fractured aquifer[J]. Journal of hydrology, 2006, 328(1-2): 347-359.

[62] DENG H, FITTS J P, PETERS C A. Quantifying fracture geometry with X-ray tomography: Technique of Iterative Local Thresholding (TILT) for 3D image segmentation[J]. Computational geosciences, 2016, 20(1): 231-244.

[63] SONG Z, ZHOU Q-Y, LU D-B, et al. Application of electrical resistivity tomography for investigating the internal structure and estimating the hydraulic conductivity of situ single fractures[J]. Pure and applied geophysics, 2022, 179(4): 1253-1273.

[64] MANDELBROT B B. The fractal geometry of nature[M]. New York: WH freeman, 1983.

[65] 朱华, 姬翠翠. 分形理论及其应用[M]. 北京: 科学出版社, 2011.

[66] 李亚萍, 许建东, 于红梅. 甘肃北山花岗岩裂隙几何学特征研究及岩石质量初探[J]. 地震地质, 2006, 28(1): 129-138.

[67] LEI Q, LATHAM J-P, XIANG J, et al. Effects of geomechanical changes on the validity of a discrete fracture network representation of a realistic two-dimensional fractured rock[J]. International journal of rock mechanics and mining sciences, 2014, 70: 507-523.

[68] MONDRAGÓN-NAVA H, SAMAYOA D, MENA B, et al. Fractal features of fracture networks and key attributes of their models[J]. Fractal and fractional, 2023, 7(7): 509.

[69] ROY A, PERFECT E, DUNNE W M, et al. Fractal characterization of fracture networks: an improved box-counting technique[J]. Journal of geophysical research: solid earth, 2007, 112(B12).

[70] MIAO T, YU B, DUAN Y, et al. A fractal analysis of permeability for fractured rocks[J]. International journal of heat and mass transfer, 2015, 81: 75-80.

[71] WEI W, XIA Y. Geometrical, fractal and hydraulic properties of fractured reservoirs: a mini-review[J]. Advances in geo-energy research, 2017, 1(1): 31-38.

[72] HU B, WANG J, MA Z. A fractal discrete fracture network based model for gas production from fractured shale reservoirs[J]. Energies, 2020, 13(7): 1857.

[73] SHI D, LI L, LIU J, et al. Effect of discrete fractures with or without roughness on seepage characteristics of fractured rocks[J]. Physics of fluids, 2022, 34(7).

[74] BOUR O, DAVY P. Clustering and size distributions of fault patterns: theory and measurements[J]. Geophysical research letters, 1999, 26(13): 2001-2004.

[75] SUI L, YU J, CANG D, et al. The fractal description model of rock fracture networks characterization[J]. Chaos, solitons & fractals, 2019, 129: 71-76.

[76] 孙洪泉, 谢和平. 岩石断裂表面的分形模拟[J]. 岩土力学, 2008, 29(2): 347-352.

[77] 彭守建, 吴斌, 许江, 等. 基于 CGAL 的岩石裂隙面三维重构方法研究[J]. 岩石力学与工程学报, 2020, 39(S2): 3450-3463.

[78] 赵明凯, 孔德森. 考虑裂隙面粗糙度和开度分形维数的岩石裂隙渗流特性研究[J]. 岩石力学与工程学报, 2022, 41(10): 1993-2002.

[79] 薛东杰, 侯孟冬, 程建超, 等. 剪切粗糙裂隙渗流多尺度分形表征[J]. 矿业科学学报, 2023, 8(5): 663-676.

[80] ZHANG J. Modeling the spatial distribution of complex fracture systems and its impact on unconventional reservoir performance with discrete fracture networks[D]. Texas A&M University, 2021.

[81] WANG W-D, SU Y-L, ZHANG Q, et al. Performance-based fractal fracture model for complex fracture network simulation[J]. Petroleum science, 2017, 15(1): 126-134.

[82] BALBERG I, BERKOWITZ B, DRACHSLER G E. Application of a percolation model to flow in fractured hard rocks[J]. Journal of geophysical research: solid earth, 1991, 96(B6): 10015-10021.

[83] 万菊英, 许鹤华, 刘唐伟, 等. 基于逾渗方法的裂隙储层渗透性模拟[J]. 地球物理学进展, 2014, 29(3): 1306-1311.

[84] JI S-H, PARK Y-J, LEE K-K. Influence of fracture connectivity and characterization level on the uncertainty of the equivalent permeability in statistically conceptualized fracture networks[J]. Transport in porous media, 2010, 87(2): 385-395.

[85] NGUYEN T T N, VU M N, TRAN N H, et al. Stress induced permeability changes in brittle fractured porous rock[J]. International journal of rock mechanics and mining sciences, 2020, 127: 104224.

[86] HE C, YAO C, JIN Y-Z, et al. Effective permeability of fractured porous media with fracture density near the percolation threshold[J]. Applied mathematical modelling, 2023, 117: 592-608.

[87] WANG C, LIU X, WANG E, et al. Dependence of connectivity dominance on fracture permeability and influence of topological centrality on the flow capacity of fractured porous media[J]. Journal of hydrology, 2023, 624: 129883.

[88] MAILLOT J, DAVY P, LE GOC R, et al. Connectivity, permeability, and channeling in randomly distributed and kinematically defined discrete fracture network models[J]. Water resources research, 2016, 52(11): 8526-8545.

[89] LANG P S, PALUSZNY A, ZIMMERMAN R W. Permeability tensor of three-dimensional fractured porous rock and a comparison to trace map predictions[J]. Journal of geophysical research: solid earth, 2014, 119(8): 6288-6307.

[90] JAFARI A, BABADAGLI T. Relationship between percolation-fractal properties and permeability of 2-D fracture networks[J]. International journal of rock mechanics and mining sciences, 2013, 60: 353-362.

[91] NAIK S, GERKE K M, YOU Z, et al. Application of percolation, critical-path, and effective-medium theories for calculation of two-phase relative permeability[J]. Physical review E, 2021, 103(4).

[92] ZHANG X, HUANG Z, LEI Q, et al. Connectivity, permeability and flow channelization in fractured karst reservoirs: a numerical investigation based on a two-dimensional discrete fracture-cave network model[J]. Advances in water resources, 2022, 161: 1041-1042.

[93] SRINIVASAN G, HYMAN J D, OSTHUS D A, et al. Quantifying topological uncertainty in fractured systems using graph theory and machine learning[J]. Sci rep, 2018, 8(1): 11665.

[94] XUE K, ZHANG Z, JIANG Y, et al. Estimating the permeability of fractured rocks using topological characteristics of fracture network[J]. Computers and geotechnics, 2023, 157: 1053-1137.

[95] BEAR J. Dynamics of fluids in porous media[M]. New York: Courier Corporation, 2013.

[96] ZHANG D, ZHANG R, CHEN S, et al. Pore scale study of flow in porous media: scale dependency, REV, and statistical REV[J]. Geophysical research letters, 2000, 27(8): 1195-1198.

[97] 周创兵, 於三大. 论岩体表征单元体积 REV: 岩体力学参数取值的一个基本问题[J]. 工程地质学报, 1999, 7(4): 332-336.

[98] 王明玉, 陈劲松, 万力. 离散裂隙渗流方法与裂隙化渗透介质建模[J]. 地球科学, 2002(1): 90-96.

[99] 张贵科, 徐卫亚. 裂隙网络模拟与 REV 尺度研究[J]. 岩土力学, 2008, 29(6): 1675-1680.

[100] 张莉丽, 张辛, 王云, 等. 非常低延展性裂隙岩体 REV 存在性研究[J]. 水文地质工程地质, 2011, 38(5): 20-25.

[101] 王晓明, 杜玉芳, 梁旭黎. 基于非均质系数的裂隙岩体表征单元体研究[J].

水文地质工程地质, 2021, 48(2): 55-60.

[102] XIA L, ZHENG Y, YU Q. Estimation of the REV size for blockiness of fractured rock masses[J]. Computers and geotechnics, 2016, 76: 83-92.

[103] WANG Z, LI W, BI L, et al. Estimation of the REV size and equivalent permeability coefficient of fractured rock masses with an emphasis on comparing the radial and unidirectional flow configurations[J]. Rock mechanics and rock engineering, 2018, 51(5): 1457-1471.

[104] AZIZMOHAMMADI S, SEDAGHAT M. The impact of stress orientation and fracture roughness on the scale dependency of permeability in naturally fractured rocks[J]. Advances in water resources, 2020, 141: 1035-1079.

[105] MA W, XU Z, CHAI J, et al. Estimation of REV size of 2-D DFN models in nonlinear flow: considering the fracture length-aperture correlation[J]. Computers and geotechnics, 2023, 161: 1056-1601.

[106] ZIJL W. Scale aspects of groundwater flow and transport systems[J]. Hydrogeology journal, 1999, 7(1): 139-150.

[107] FENG S, WANG H, CUI Y, et al. Fractal discrete fracture network model for the analysis of radon migration in fractured media[J]. Computers and geotechnics, 2020, 128: 1038-1410.

[108] CLAUSER C. Permeability of crystalline rocks[J]. Eos, transactions American geophysical union, 1992, 73(21): 233-238.

[109] LIANG Y, JIANG Z, YU Q. The correlation between blockiness and the existence of a hydraulic conductivity representative elementary volume of fractured rocks[J]. International journal of rock mechanics and mining sciences, 2023, 170: 1054-1121.

[110] CHEN T, CLAUSER C, MARQUART G. Efficiency and accuracy of equivalent fracture models for predicting fractured geothermal reservoirs: the influence of fracture network patterns[J]. Energy procedia, 2017, 125: 318-326.

[111] DONG Y, FU Y, YEH T C J, et al. Equivalence of discrete fracture network and porous media models by hydraulic tomography[J]. Water resources research, 2019, 55(4): 3234-3247.

[112] KHARRAT R, OTT H. A comprehensive review of fracture characterization and its impact on oil production in naturally fractured reservoirs[J]. Energies, 2023, 16(8): 3437.

[113] SOMOGYVARI M, JALALI M, JIMENEZ PARRAS S, et al. Synthetic fracture

network characterization with transdimensional inversion[J]. Water resources research, 2017, 53(6): 5104-5123.

[114] GOLSANAMI N, SUN J, ZHANG Z. A review on the applications of the nuclear magnetic resonance (NMR) technology for investigating fractures[J]. Journal of applied geophysics, 2016, 133: 30-38.

[115] WU Y, TAHMASEBI P, LIN C, et al. A comprehensive study on geometric, topological and fractal characterizations of pore systems in low-permeability reservoirs based on SEM, MICP, NMR, and X-ray CT experiments[J]. Marine and petroleum geology, 2019, 103: 12-28.

[116] KOHL T, MEGEL T. Predictive modeling of reservoir response to hydraulic stimulations at the European EGS site Soultz-sous-Forêts[J]. International journal of rock mechanics and mining sciences, 2007, 44(8): 1118-1131.

[117] ZEEB C, GOMEZ-RIVAS E, BONS P D, et al. Evaluation of sampling methods for fracture network characterization using outcrops[J]. AAPG bulletin, 2013, 97(9): 1545-1566.

[118] ZHANG W, WEI M, ZHANG Y, et al. Discontinuity development patterns and the challenges for 3D discrete fracture network modeling on complicated exposed rock surfaces[J]. Journal of rock mechanics and geotechnical engineering, 2023.

[119] TRAN N H. Characterisation and modelling of naturally fractured reservoirs[D]. UNSW Sydney, 2004.

[120] WEALTHALL G P, KUEPER B H, LERNER D N. Fractured rock-mass characterization for predicting the fate of DNAPLS[C]. Proceedings of the conference proceedings of fractured rock, F, 2001[C].

[121] PAILLET F L. Application of borehole geophysics in the characterization of flow in fractured rocks[M]. US geological survey, 1994.

[122] GENTER A, CASTAING C, DEZAYES C, et al. Comparative analysis of direct (core) and indirect (borehole imaging tools) collection of fracture data in the hot dry rock soultz reservoir (France)[J]. Journal of geophysical research: solid earth, 1997, 102(B7): 15419-15431.

[123] 许松, 苏远大, 陈雪莲, 等. 含孔隙、裂隙地层随钻多极子声波测井理论[J]. 地球物理学报, 2014, 57(6): 1999-2012.

[124] 王秀明, 张海澜, 何晓, 等. 声波测井中的物理问题[J]. 物理, 2011, 40(2): 79-87.

[125] LAI J, WANG G, FAN Z, et al. Fracture detection in oil-based drilling mud using a combination of borehole image and sonic logs[J]. Marine and petroleum geology, 2017, 84: 195-214.

[126] AGHLI G, SOLEIMANI B, MOUSSAVI-HARAMI R, et al. Fractured zones detection using conventional petrophysical logs by differentiation method and its correlation with image logs[J]. Journal of petroleum science and engineering, 2016, 142: 152-162.

[127] BAGHERI H, FALAHAT R. Fracture permeability estimation utilizing conventional well logs and flow zone indicator[J]. Petroleum research, 2022, 7(3): 357-365.

[128] RAZAVI O, LEE H P, OLSON J E, et al. Drilling mud loss in naturally fractured reservoirs: theoretical modelling and field data analysis[Z]. SPE, 2017.

[129] 王健, 徐加放, 赵密福, 等. 基于神经网络的钻井液漏失裂缝宽度预测研究[J]. 煤田地质与勘探, 2023, 51(9): 81-88.

[130] VERGA F M, CARUGO C, CHELINI V, et al. Detection and characterization of fractures in naturally fractured reservoirs[Z]. All Days. SPE. 2000.10. 2118/63266-ms.

[131] LI C, LAFOLLETTE R, SOOKPRASONG A, et al. Characterization of hydraulic fracture geometry in shale gas reservoirs using early production data[Z]. International Petroleum Technology Conference, 2013.

[132] EGERT R, KORZANI M G, HELD S, et al. Implications on large-scale flow of the fractured EGS reservoir Soultz inferred from hydraulic data and tracer experiments[J]. Geothermics, 2020, 84: 1017-1049.

[133] SAGAR B, RUNCHAL A. Permeability of fractured rock: effect of fracture size and data uncertainties[J]. Water resources research, 1982, 18(2): 266-274.

[134] LI A, LI Y, WU F, et al. Simulation method and application of three-dimensional DFN for rock mass based on monte-carlo technique[J]. Applied sciences, 2022, 12(22): 113-185.

[135] LI J, SUN Z, ZHANG Y, et al. Investigations of heat extraction for water and CO_2 flow based on the rough-walled discrete fracture network[J]. Energy, 2019, 189: 1161-1184.

[136] MI L, YAN B, JIANG H, et al. An enhanced discrete fracture network model to simulate complex fracture distribution[J]. Journal of petroleum science and engineering, 2017, 156: 484-496.

[137] WANG C, HUANG Z, WU Y-S. Coupled numerical approach combining X-FEM and the embedded discrete fracture method for the fluid-driven fracture propagation process in porous media[J]. International journal of rock mechanics and mining sciences, 2020, 130: 1043-1115.

[138] FLEMISCH B, BERRE I, BOON W, et al. Benchmarks for single-phase flow in fractured porous media[J]. Advances in water resources, 2018, 111: 239-258.

[139] PAN D, LI S, XU Z, et al. A deterministic-stochastic identification and modelling method of discrete fracture networks using laser scanning: development and case study[J]. Engineering geology, 2019, 262: 1053-1110.

[140] LONG J C S, REMER J S, WILSON C R, et al. Porous media equivalents for networks of discontinuous fractures[J]. Water resources research, 1982, 18(3): 645-658.

[141] BERKOWITZ B, BEAR J, BRAESTER C. Continuum models for contaminant transport in fractured porous formations[J]. Water resources research, 1988, 24(8): 1225-1236.

[142] VOGT C, MARQUART G, KOSACK C, et al. Estimating the permeability distribution and its uncertainty at the EGS demonstration reservoir Soultz-sous-Forêts using the ensemble Kalman filter[J]. Water resources research, 2012, 48(8).

[143] HE X, SANTOSO R, HOTEIT H. Application of machine-learning to construct equivalent continuum models from high-resolution discrete-fracture models[Z]. IPTC, 2020.

[144] MEDICI G, SMERAGLIA L, TORABI A, et al. Review of modeling approaches to groundwater flow in deformed carbonate aquifers[J]. Groundwater, 2021, 59(3): 334-351.

[145] BARENBLATTE G I, ZHELTOV I P, KOCHINA I N. Basic concepts in the theory of seepage of homogeneous liquids in fissured rocks[strata][J]. Journal of applied mathematics and mechanics, 1960, 24(5): 1286-1303.

[146] WARREN J E, ROOT P J. The behavior of naturally fractured reservoirs[J]. Society of petroleum engineers journal, 1963, 3(3): 245-255.

[147] XUE Y, TENG T, DANG F, et al. Productivity analysis of fractured wells in reservoir of hydrogen and carbon based on dual-porosity medium model[J]. International journal of hydrogen energy, 2020, 45(39): 20240-20249.

[148] MOUTSOPOULOS K N, PAPASPYROS J N E, FAHS M. Approximate

solutions for flows in unconfined double porosity aquifers[J]. Journal of hydrology, 2022, 615: 128679.

[149] BLASKOVICH F T, CAIN G M, SONIER F, et al. A multicomponent isothermal system for efficient reservoir simulation[Z]. Middle east oil technical conference and exhibition, 1983.

[150] HILL A C, THOMAS G W. A new approach for simulating complex fractured reservoirs[Z]. Middle east oil technical conference and exhibition, 1985.

[151] DE SOUZA RIOS V, SCHIOZER D J, DOS SANTOS L O S, et al. Improving coarse-scale simulation models with a dual-porosity dual-permeability upscaling technique and a near-well approach[J]. Journal of petroleum science and engineering, 2021, 198: 108132.

[152] PRUESS K, NARASIMHAN T N. A practical method for modeling fluid and heat flow in fractured porous media[J]. Society of petroleum engineers journal, 1985, 25(1): 14-26.

[153] WU Y-S, MORIDIS G, BAI B, et al. A multi-continuum model for gas production in tight fractured reservoirs[Z]. SPE, 2009.

[154] YU X, YAN X, WANG C, et al. Thermal-hydraulic-mechanical analysis of enhanced geothermal reservoirs with hybrid fracture patterns using a combined XFEM and EDFM-MINC model[J]. Geoenergy science and engineering, 2023, 228: 2119-2184.

[155] GILMAN J R, KAZEMI H. Improved calculations for viscous and gravity displacement in matrix blocks in dual-porosity simulators (includes associated papers 17851, 17921, 18017, 18018, 18939, 19038, 19361 and 20174)[J]. Journal of petroleum technology, 1988, 40(1): 60-70.

[156] PARK J S R, CHEUNG S W, MAI T, et al. Multiscale simulations for upscaled multi-continuum flows[J]. Journal of computational and applied mathematics, 2020, 374: 1127-1182.

[157] ZAREIDARMIYAN A, PARISIO F, MAKHNENKO R Y, et al. How equivalent are equivalent porous media[J]Geophysical research letters, 2021, 48(9).

[158] MA L, HAN D, QIAN J, et al. Numerical evaluation of the suitability of the equivalent porous medium model for characterizing the two-dimensional flow field in a fractured geologic medium[J]. Hydrogeology journal, 2023, 31(4): 913-930.

[159] WILSON C R, WITHERSPOON P A. Steady state flow in rigid networks of

fractures[J]. Water resources research, 1974, 10(2): 328-335.

[160] TSANG Y W, TSANG C F. Channel model of flow through fractured media[J]. Water resources research, 1987, 23(3): 467-479.

[161] 刘波, 王明玉, 张敏, 等. 裂隙网络管道模型弥散试验[J]. 吉林大学学报 (地球科学版), 2016, 46(1): 230-239.

[162] WANG C, WU K, SCOTT G. Improvements to the fracture pipe network model for complex 3D discrete fracture networks[J]. Water resources research, 2022, 58(3).

[163] ZHANG J, LIU R, YU L, et al. An equivalent pipe network modeling approach for characterizing fluid flow through three-dimensional fracture networks: verification and applications[J]. Water, 2022, 14(10): 1582.

[164] SUN Z-X, ZHANG X, XU Y, et al. Numerical simulation of the heat extraction in EGS with thermal-hydraulic-mechanical coupling method based on discrete fractures model[J]. Energy, 2017, 120: 20-33.

[165] NADIMI S, FORBES B, MOORE J, et al. Utah FORGE: hydrogeothermal modeling of a granitic based discrete fracture network[J]. Geothermics, 2020, 87: 1018-1053.

[166] ELFEEL M, GEIGER S. Static and dynamic assessment of DFN permeability upscaling[Z]. SPE Europec/EAGE Annual Conference, 2012.

[167] LI L, LEE S H. Efficient field-scale simulation of black oil in a naturally fractured reservoir through discrete fracture networks and homogenized media[J]. SPE reservoir evaluation & amp; engineering, 2008, 11(4): 750-758.

[168] HAJIBEYGI H, KARVOUNIS D, JENNY P. A hierarchical fracture model for the iterative multiscale finite volume method[J]. Journal of computational physics, 2011, 230(24): 8729-8743.

[169] MOINFAR A, VARAVEI A, SEPEHRNOORI K, et al. Development of an efficient embedded discrete fracture model for 3D compositional reservoir simulation in fractured reservoirs[J]. SPE journal, 2013, 19(2): 289-303.

[170] MA S, JU B, ZHAO L, et al. Embedded discrete fracture modeling: flow diagnostics, non-darcy flow, and well placement optimization[J]. Journal of petroleum science and engineering, 2022, 208: 1094-1177.

[171] ROSTAMI S, BOUKADI F, BODAGHI M, et al. Review of embedded discrete fracture models: concepts, simulation and pros & cons[J]. Petroleum & petrochemical engineering journal, 2023, 7(2): 1-15.

[172] YAN X, HUANG Z, YAO J, et al. Numerical simulation of hydro-mechanical coupling in fractured vuggy porous media using the equivalent continuum model and embedded discrete fracture model[J]. Advances in water resources, 2019, 126: 137-154.

[173] KOLDITZ O, BAUER S, BILKE L, et al. OpenGeoSys: an open-source initiative for numerical simulation of thermo-hydro-mechanical/chemical (THM/C) processes in porous media[J]. Environmental earth sciences, 2012, 67(2): 589-599.

[174] KARMAKAR S, TATOMIR A, OEHLMANN S, et al. Numerical benchmark studies on flow and solute transport in geological reservoirs[J]. Water, 2022, 14(8): 1310.

[175] MANGA M, BERESNEV I, BRODSKY E E, et al. Changes in permeability caused by transient stresses: field observations, experiments, and mechanisms[J]. Reviews of geophysics, 2012, 50(2).

[176] WRIGHT H M N, CASHMAN K V, GOTTESFELD E H, et al. Pore structure of volcanic clasts: measurements of permeability and electrical conductivity[J]. Earth and planetary science letters, 2009, 280(1-4): 93-104.

[177] AGHIGHI M A, RAHMAN S S. Horizontal permeability anisotropy: effect upon the evaluation and design of primary and secondary hydraulic fracture treatments in tight gas reservoirs[J]. Journal of petroleum science and engineering, 2010, 74(1-2): 4-13.

[178] FARRELL N J C, HEALY D, TAYLOR C W. Anisotropy of permeability in faulted porous sandstones[J]. Journal of structural geology, 2014, 63: 50-67.

[179] HU B X, MEERSCHAERT M M, BARRASH W, et al. Examining the influence of heterogeneous porosity fields on conservative solute transport[J]. Journal of contaminant hydrology, 2009, 108(3-4): 77-88.

[180] MEYER R, KRAUSE F F. Permeability anisotropy and heterogeneity of a sandstone reservoir analogue: an estuarine to shoreface depositional system in the Virgelle Member, Milk River Formation, Writing-on-Stone Provincial Park, southern Alberta[J]. Bulletin of Canadian petroleum geology, 2006, 54(4): 301-318.

[181] GESSNER K, KÜHN M, RATH V, et al. Coupled process models as a tool for analysing hydrothermal systems[J]. Surveys in geophysics, 2009, 30(3): 133-162.

[182] DURLOFSKY L J. Upscaling and gridding of fine scale geological models for flow simulation[C]. Proceedings of the 8th international forum on reservoir simulation, Iles Borromees, Stresa, Italy, F, 2005.

[183] ZIJL W. The symmetry approximation for nonsymmetric permeability tensors and its consequences for mass transport[J]. Transport in porous media, 1996, 22(2): 121-136.

[184] CHEN T, CLAUSER C, MARQUART G, et al. A new upscaling method for fractured porous media[J]. Advances in water resources, 2015, 80: 60-68.

[185] CAO J, GAO H, DOU L, et al. Modeling flow in anisotropic porous medium with full permeability tensor[J]. Journal of physics: conference series, 2019, 1324(1): 12-54.

[186] DRONIOU J. Finite volume schemes for diffusion equations: introduction to and review of modern methods[J]. Mathematical models and methods in applied sciences, 2014, 24(8): 1575-1619.

[187] AAVATSMARK I, BARKVE T. Discretization on non-orthogonal, quadrilateral grids for inhomogeneous, anisotropic media[J]. Journal of computational physics, 1996, 127(1): 2-14.

[188] EDWARDS M G, ROGERS C F. Finite volume discretization with imposed flux continuity for the general tensor pressure equation[J]. Computational geosciences, 1998, 2(4): 259-290.

[189] AAVATSMARK I, EIGESTAD G T, MALLISON B T, et al. A compact multipoint flux approximation method with improved robustness[J]. Numerical methods for partial differential equations, 2008, 24(5): 1329-1360.

[190] AGÉLAS L, DI PIETRO D A, DRONIOU J. The G method for heterogeneous anisotropic diffusion on general meshes[J]. ESAIM: mathematical modelling and numerical analysis, 2010, 44(4): 597-625.

[191] NORDBOTTEN J M, EIGESTAD G T. Discretization on quadrilateral grids with improved monotonicity properties[J]. Journal of computational physics, 2005, 203(2): 744-760.

[192] CHEN Q-Y, WAN J, YANG Y, et al. Enriched multi-point flux approximation for general grids[J]. Journal of computational physics, 2008, 227(3): 1701-1721.

[193] CHEN Y, MALLISON B T, DURLOFSKY L J. Nonlinear two-point flux approximation for modeling full-tensor effects in subsurface flow simulations[J].

Computational geosciences, 2008, 12(3): 317-335.

[194] NIKITIN K, TEREKHOV K, VASSILEVSKI Y. A monotone nonlinear finite volume method for diffusion equations and multiphase flows[J]. Computational geosciences, 2014, 18(3-4): 311-324.

[195] LIPNIKOV K, MANZINI G, SHASHKOV M. Mimetic finite difference method[J]. Journal of computational physics, 2014, 257: 1163-1227.

[196] DONG R O, ALPAK F F, WHEELER M. Accurate two-phase flow simulation in faulted reservoirs by combining two-point flux approximation and mimetic finite difference methods[J]. SPE journal, 2022, 28(1): 111-129.

[197] LI L, ZHOU H, JAIME GÓMEZ-HERNÁNDEZ J. Steady-state saturated groundwater flow modeling with full tensor conductivities using finite differences[J]. Computers & geosciences, 2010, 36(10): 1211-1223.

[198] CLAUSER C. Numerical simulation of reactive flow in hot aquifers: SHEMAT and processing SHEMAT[M]. New York: Springer Verlag, 2003.

[199] FORTIN M, BREZZI F. Mixed and hybrid finite element methods[M]. New York: Springer-Verlag, 1991.

[200] ARBOGAST T, DAWSON C, KEENAN P. Mixed finite elements as finite differences for elliptic equations on triangular elements[R]. Rice University, 1994.

[201] LUNDE T. Comparison between mimetic and two-point flux-approximation schemes on PEBI-grids[D]. University of Oslo, 2007.

[202] COCKBURN B, GOPALAKRISHNAN J, LAZAROV R J S J O N A. Unified hybridization of discontinuous Galerkin, mixed, and continuous Galerkin methods for second order elliptic problems[J]. 2009, 47(2): 1319-1365.

[203] RAVIART P A, THOMAS J M. A mixed finite element method for 2-nd order elliptic problems[M]//Lecture Notes in Mathematics. Berlin: Springer Berlin Heidelberg, 1977: 292-315.

[204] NEDELEC J C. Mixed finite elements in R³[J]. Numerische mathematik, 1980, 35(3): 315-341.

[205] BREZZI F, DOUGLAS J, MARINI L D. Two families of mixed finite elements for second order elliptic problems[J]. Numerische mathematik, 1985, 47(2): 217-235.

[206] BREZZI F, DOUGLAS J, DURÁN R, et al. Mixed finite elements for second

order elliptic problems in three variables[J]. Numerische mathematik, 1987, 51(2): 237-250.

[207] BREZZI F, DOUGLAS J JR, FORTIN M, et al. Efficient rectangular mixed finite elements in two and three space variables[J]. ESAIM: mathematical modelling and numerical analysis, 1987, 21(4): 581-604.

[208] CHEN Z, DOUGLAS J. Prismatic mixed finite elements for second order elliptic problems[J]. Calcolo, 1989, 26(2-4): 135-148.

[209] SHASHKOV M, STEINBERG S J J O C P. Solving diffusion equations with rough coefficients in rough grids[J]. Journal of Computational Physics, 1996, 129(2): 383-405.

[210] LIE K-A. An introduction to reservoir simulation using MATLAB/GNU octave: user guide for the MATLAB reservoir simulation toolbox (MRST)[M]. Cambridge: Cambridge University Press, 2019.

[211] BREZZI F, LIPNIKOV K, SIMONCINI V. A family of mimetic finite difference methods on polygonal and polyhedral meshes[J]. Mathematical models and methods in applied sciences, 2005, 15(10): 1533-1551.

[212] KELLER J, RATH V, BRUCKMANN J, et al. SHEMAT-Suite: an open-source code for simulating flow, heat and species transport in porous media[J]. SoftwareX, 2020, 12: 1005-1033.

[213] MARYSKA J, ROZLOZNíK M, TUMA M. Schur complement systems in the mixed-hybrid finite element approximation of the potential fluid flow problem[J]. SIAM journal on scientific computing, 2000, 22(2): 704-723.

[214] ANDERSON E, BAI Z, BISCHOF C, et al. LAPACK users' guide[J]. Society for industrial and applied mathematics, 1999.

[215] PAPADOPULOS I S. Nonsteady flow to a well in an infinite anisotropic aquifer[C]. Proceedings of the symp int assoc sci hydrol, Dubrovnik, F, 1965.

[216] CHRISTIE M A, BLUNT M J J S R E, ENGINEERING. Tenth SPE comparative solution project: a comparison of upscaling techniques[J]. SPE Reservoir Evaluation & Engineering, 2001, 4(4): 308-317.

[217] WEN X-H, GÓMEZ-HERNÁNDEZ J J. Upscaling hydraulic conductivities in heterogeneous media: an overview[J]. Journal of hydrology, 1996, 183(1-2): ix-xxxii.

[218] RENARD P, DE MARSILY G. Calculating equivalent permeability: a review[J]. Advances in water resources, 1997, 20(5-6): 253-278.

[219] SNOW D T. Anisotropie permeability of fractured media[J]. Water resources research, 1969, 5(6): 1273-1289.

[220] ODA M. Permeability tensor for discontinuous rock masses[J]. Géotechnique, 1985, 35(4): 483-495.

[221] DECROUX B C, GOSSELIN O R. Computation of effective dynamic properties of naturally fractured reservoirs: comparison and validation of methods (SPE-164846)[M]//London 2013, 75th eage conference en exhibition incorporating SPE Europec. EAGE Publications BV, 2013.

[222] HARIDY M G, SEDIGHI F, GHAHRI P, et al. Comprehensive study of the oda corrected permeability upscaling method[Z]. SPE, 2020.

[223] EBIGBO A, LANG P S, PALUSZNY A, et al. Inclusion-based effective medium models for the permeability of a 3D fractured rock mass[J]. Transport in porous media, 2016, 113(1): 137-158.

[224] SAEVIK P N, BERRE I, JAKOBSEN M, et al. A 3D computational study of effective medium methods applied to fractured media[J]. Transport in porous media, 2013, 100(1): 115-142.

[225] KOUDINA N, GONZALEZ G R, THOVERT J F, et al. Permeability of three-dimensional fracture networks[J]. Physical review E, 1998, 57(4): 4466-4479.

[226] BAGHBANAN A, JING L. Stress effects on permeability in a fractured rock mass with correlated fracture length and aperture[J]. International journal of rock mechanics and mining sciences, 2008, 45(8): 1320-1334.

[227] DERSHOWITZ B, LAPOINTE P, EIBEN T, et al. Integration of discrete feature network methods with conventional simulator approaches[J]. SPE reservoir evaluation & amp; engineering, 2000, 3(2): 165-170.

[228] KAUFMANN G, ROMANOV D, HILLER T. Modeling three-dimensional karst aquifer evolution using different matrix-flow contributions[J]. Journal of hydrology, 2010, 388(3-4): 241-250.

[229] LOUGH M F, LEE S H, KAMATH J. An efficient boundary integral formulation for flow through fractured porous media[J]. Journal of computational physics, 1998, 143(2): 462-483.

[230] BOGDANOV I I, MOURZENKO V V, THOVERT J F, et al. Effective permeability of fractured porous media in steady state flow[J]. Water resources research, 2003, 39(1).

[231] LEE S H, LOUGH M F, JENSEN C L. Hierarchical modeling of flow in naturally fractured formations with multiple length scales[J]. Water resources research, 2001, 37(3): 443-455.

[232] KARIMI-FARD M, DURLOFSKY L J, AZIZ K. An efficient discrete-fracture model applicable for general-purpose reservoir simulators[J]. SPE journal, 2004, 9(2): 227-236.

[233] TATOMIR A, SZYMKIEWICZ A, CLASS H, et al. Modeling two phase flow in large scale fractured porous media with an extended multiple interacting continua method[J]. Computer modeling in engineering and sciences, 2011, 77(2): 81-112.

[234] FUMAGALLI A, PASQUALE L, ZONCA S, et al. An upscaling procedure for fractured reservoirs with embedded grids[J]. Water resources research, 2016, 52(8): 6506-6525.

[235] FARMER C L. Upscaling: a review[J]. International journal for numerical methods in fluids, 2002, 40(1-2): 63-78.

[236] DURLOFSKY L J. Numerical calculation of equivalent grid block permeability tensors for heterogeneous porous media[J]. Water resources research, 1991, 27(5): 699-708.

[237] SANDVE T H, BERRE I, NORDBOTTEN J M. An efficient multi-point flux approximation method for Discrete Fracture–Matrix simulations[J]. Journal of computational physics, 2012, 231(9): 3784-3800.

[238] WU Y-S. On the effective continuum method for modeling multiphase flow, multicomponent transport, and heat transfer in fractured rock[M]//Dynamics of fluids in fractured rock. American Geophysical Union, 2000: 299-312.

[239] GEUZAINE C, REMACLE J F. Gmsh: A 3-D finite element mesh generator with built-in pre- and post-processing facilities[J]. International journal for numerical methods in engineering, 2009, 79(11): 1309-1331.

[240] BROWN S R, SCHOLZ C H. Closure of random elastic surfaces in contact[J]. Journal of geophysical research: solid earth, 1985, 90(B7): 5531-5545.

[241] TSANG Y W. The effect of tortuosity on fluid flow through a single fracture[J]. Water resources research, 1984, 20(9): 1209-1215.

[242] CHEN Z, QIAN J, ZHAN H, et al. Effect of roughness on water flow through a synthetic single rough fracture[J]. Environmental earth sciences, 2017, 76(4).

[243] WATANABE N, WANG W, TARON J, et al. Lower-dimensional interface

elements with local enrichment: application to coupled hydro-mechanical problems in discretely fractured porous media[J]. International journal for numerical methods in engineering, 2012, 90(8): 1010-1034.

[244] WITHERSPOON P A, WANG J S Y, IWAI K, et al. Validity of cubic law for fluid flow in a deformable rock fracture[J]. Water resources research, 1980, 16(6): 1016-1024.

[245] CHEN T, CLAUSER C, MARQUART G, et al. Modeling anisotropic flow and heat transport by using mimetic finite differences[J]. Advances in water resources, 2016, 94: 441-456.

[246] SAUSSE J, DEZAYES C, DORBATH L, et al. 3D model of fracture zones at Soultz-sous-Forêts based on geological data, image logs, induced microseismicity and vertical seismic profiles[J]. Comptes rendus geoscience, 2010, 342(7-8): 531-545.

[247] PECHSTEIN A, ATTINGER S, KRIEG R, et al. Estimating transmissivity from single-well pumping tests in heterogeneous aquifers[J]. Water resources research, 2016, 52(1): 495-510.

[248] AZIZMOHAMMADI S, MATTHÄI S K. Is the permeability of naturally fractured rocks scale dependent?[J]. Water resources research, 2017, 53(9): 8041-8063.

[249] SANCHEZ-VILA X, GUADAGNINI A, CARRERA J. Representative hydraulic conductivities in saturated groundwater flow[J]. Reviews of geophysics, 2006, 44(3).

[250] DE DREUZY J R, DAVY P, BOUR O. Hydraulic properties of two-dimensional random fracture networks following a power law length distribution: 1. effective connectivity[J]. Water resources research, 2001, 37(8): 2065-2078.

[251] BAGHBANAN A, JING L. Hydraulic properties of fractured rock masses with correlated fracture length and aperture[J]. International journal of rock mechanics and mining sciences, 2007, 44(5): 704-719.

[252] HARDEBOL N J, MAIER C, NICK H, et al. Multiscale fracture network characterization and impact on flow: a case study on the latemar carbonate platform[J]. Journal of geophysical research: solid earth, 2015, 120(12): 8197-8222.

[253] LI B, LIU R, JIANG Y. A multiple fractal model for estimating permeability of dual-porosity media[J]. Journal of hydrology, 2016, 540: 659-669.

[254] HYMAN J D, ALDRICH G, VISWANATHAN H, et al. Fracture size and transmissivity correlations: implications for transport simulations in sparse three-dimensional discrete fracture networks following a truncated power law distribution of fracture size[J]. Water resources research, 2016, 52(8): 6472-6489.

[255] DAVY P, LE GOC R, DARCEL C. A model of fracture nucleation, growth and arrest, and consequences for fracture density and scaling[J]. Journal of geophysical research: solid earth, 2013, 118(4): 1393-1407.

[256] ALGHALANDIS Y F. ADFNE: open source software for discrete fracture network engineering, two and three dimensional applications[J]. Computers & Geoscience, 2017, 102: 1-11.

[257] CHEN T. Equivalent permeability distribution for fractured porous rocks: the influence of fracture network properties[J]. Geofluids, 2020, 1-12.

[258] AGHESHLUI H, SEDAGHAT M H, AZIZMOHAMMADI S. A comparative study of stress influence on fracture apertures in fragmented rocks[J]. Journal of rock mechanics and geotechnical engineering, 2019, 11(1): 38-45.

[259] MARGOLIN G, BERKOWITZ B, SCHER H. Structure, flow, and generalized conductivity scaling in fracture networks[J]. Water resources research, 1998, 34(9): 2103-2121.

[260] KLIMCZAK C, SCHULTZ R A, PARASHAR R, et al. Cubic law with aperture-length correlation: implications for network scale fluid flow[J]. Hydrogeology journal, 2010, 18(4): 851-862.

[261] RENSHAW C E, PARK J C. Effect of mechanical interactions on the scaling of fracture length and aperture[J]. Nature, 1997, 386(6624): 482-484.

[262] OLSON J E. Sublinear scaling of fracture aperture versus length: an exception or the rule?[J]. Journal of geophysical research: solid earth, 2003, 108(B9).

[263] SCHULTZ R A, SOLIVA R, FOSSEN H, et al. Dependence of displacement–length scaling relations for fractures and deformation bands on the volumetric changes across them[J]. Journal of structural geology, 2008, 30(11): 1405-1411.

[264] VERMILYE J M, SCHOLZ C H. Relation between vein length and aperture[J]. Journal of structural geology, 1995, 17(3): 423-434.

[265] SCHULTZ R, SOLIVA R. Propagation energies inferred from deformation bands in sandstone[J]. International Journal of Fracture, 2012, 176(2): 135-149.

[266] CHEN T. Equivalent permeability distribution for fractured porous rocks:

correlating fracture aperture and length[J]. Geofluids, 2020, 1-12.

[267] MEI C C, AURIAULT J L. Mechanics of heterogeneous porous media with several spatial scales[J]. Proceedings of the Royal Society of London. A. Mathematical and Physical Sciences, 1989, 426(1871): 391-423.

[268] CAPRIOTTI J, LI Y. Inversion for permeability distribution from time-lapse gravity data[J]. Geophysics, 2015, 80(2): WA69-WA83.

[269] LEUNG C T O, ZIMMERMAN R W. Estimating the hydraulic conductivity of two-dimensional fracture networks using network geometric properties[J]. Transport in porous media, 2012, 93(3): 777-797.

[270] HOLMÉN J G, OUTTERS N. Theoretical study of rock mass investigation efficiency[R]. Stockholm: Swedish Nuclear Fuel and Waste Management Company (SKB), 2002.

[271] BOUR O, DAVY P. On the connectivity of three-dimensional fault networks[J]. Water resources research, 1998, 34(10): 2611-2622.

[272] JAYNE R S, WU H, POLLYEA R M. Geologic CO_2 sequestration and permeability uncertainty in a highly heterogeneous reservoir[J]. International journal of greenhouse gas control, 2019, 83: 128-139.

[273] BOUR O, DAVY P. Connectivity of random fault networks following a power law fault length distribution[J]. Water resources research, 1997, 33(7): 1567-1583.

[274] LEUNG C T O, HOCH A R, ZIMMERMAN R W. Comparison of discrete fracture network and equivalent continuum simulations of fluid flow through two-dimensional fracture networks for the DECOVALEX–2011 project[J]. Mineralogical magazine, 2012, 76(8): 3179-3190.

[275] HADGU T, KARRA S, KALININA E, et al. A comparative study of discrete fracture network and equivalent continuum models for simulating flow and transport in the far field of a hypothetical nuclear waste repository in crystalline host rock[J]. Journal of hydrology, 2017, 553: 59-70.

[276] BERRONE S, HYMAN J D, PIERACCINI S. Multilevel monte carlo predictions of first passage times in three-dimensional discrete fracture networks: a graph-based approach[J]. Water resources research, 2020, 56(6).

[277] CHEN T. The impact of fracture geometries on heterogeneity and accuracy of upscaled equivalent fracture models[J]. Lithosphere, 2022(1).

[278] SEDAGHAT M, AZIZMOHAMMADI S, MATTHÄI S K. Does the symmetry

of absolute permeability influence relative permeability tensors in naturally fractured rocks?[J]. Journal of petroleum exploration and production technology, 2019, 10(2): 455-466.

[279] CHEN Y, DURLOFSKY L J, GERRITSEN M, et al. A coupled local–global upscaling approach for simulating flow in highly heterogeneous formations[J]. Advances in water resources, 2003, 26(10): 1041-1060.

[280] ZHANG P, PICKUP G, CHRISTIE M. A new practical method for upscaling in highly heterogeneous reservoir models[J]. SPE journal, 2008, 13(1): 68-76.

[281] HILFER R, HELMIG R. Dimensional analysis and upscaling of two-phase flow in porous media with piecewise constant heterogeneities[J]. Advances in water resources, 2004, 27(10): 1033-1040.

[282] LI L, ZHOU H, GÓMEZ-HERNÁNDEZ J J. A comparative study of three-dimensional hydraulic conductivity upscaling at the macro-dispersion experiment (MADE) site, Columbus Air Force Base, Mississippi (USA)[J]. Journal of hydrology, 2011, 404(3-4): 278-293.

[283] SANDERSON D J, NIXON C W. Topology, connectivity and percolation in fracture networks[J]. Journal of structural geology, 2018, 115: 167-177.

[284] MALLIKAMAS W, RAJARAM H. On the anisotropy of the aperture correlation and effective transmissivity in fractures generated by sliding between identical self-affine surfaces[J]. Geophysical research letters, 2005, 32(11): L11401.

[285] DE DREUZY J R, MÉHEUST Y, PICHOT G. Influence of fracture scale heterogeneity on the flow properties of three-dimensional discrete fracture networks (DFN)[J]. Journal of geophysical research: solid earth, 2012, 117(B11).

[286] NIXON C W, NAERLAND K, ROTEVATN A, et al. Connectivity and network development of carbonate-hosted fault damage zones from western Malta[J]. Journal of structural geology, 2020, 141: 1042-1112.

[287] VASSENA C, CATTANEO L, GIUDICI M. Assessment of the role of facies heterogeneity at the fine scale by numerical transport experiments and connectivity indicators[J]. Hydrogeology journal, 2009, 18(3): 651-668.

[288] PINET N, BRAKE V, LAVOIE D. Geometry and regional significance of joint sets in the Ordovician-Silurian Anticosti Basin: new insights from fracture mapping[R]. Natural Resources Canada/CMSS/Information Management,

2015.

[289] WELCH M J, LUTHJE M, GLAD A C. Influence of fracture nucleation and propagation rates on fracture geometry: insights from geomechanical modelling[J]. Petroleum geoscience, 2019, 25(4): 470-489.

[290] BLESSENT D, JØRGENSEN P R, THERRIEN R. Comparing discrete fracture and continuum models to predict contaminant transport in fractured porous media[J]. Groundwater, 2014, 52(1): 84-95.

[291] SI H. TetGen, a delaunay-based quality tetrahedral mesh generator[J]. ACM transactions on mathematical software, 2015, 41(2): 1-36.

[292] VAN DER VORST H A. Bi-CGSTAB: a fast and smoothly converging variant of Bi-CG for the solution of nonsymmetric linear systems[J]. SIAM journal on scientific and statistical computing, 1992, 13(2): 631-644.

[293] Pruess K. (1992). Brief guide to the MINC-method for modeling flow and transport in fractured media (No. LBL-32195). Lawrence Berkeley National Lab. (LBNL) , Berkeley, CA (United States).